Blenderでつくる
亥と卯 流
セルルック
キャラクター

■ ご注意

本書は著作権上の保護を受けています。論評目的の抜粋や引用を除いて、著作権者および出版社の承諾なしに複写することはできません。本書やその一部の複写作成は個人使用目的以外のいかなる理由であれ、著作権法違反になります。

■ 責任と保証の制限

本書の著者、編集者および出版社は、本書を作成するにあたり最大限の努力をしました。但し、本書の内容に関して明示、非明示に関わらず、いかなる保証も致しません。本書の内容、それによって得られた成果の利用に関して、または、その結果として生じた偶発的、間接的損傷に関して一切の責任を負いません。

■ 著作権と商標

本書に記載されている製品名、会社名は、それぞれ各社の商標または登録商標です。本書では、商標を所有する会社や組織の一覧を明示すること、または商標名を記載するたびに商標記号を挿入することは、特別な場合を除き行なっていません。本書は、商標名を編集上の目的だけで使用しています。商標所有者の利益は厳守されており、商標の権利を侵害する意図は全くありません。

Blenderでつくる
亥と卯流 セルルックキャラクター

もくじ

はじめに	06
1. キャラクター制作の流れ	07
2. キャラクター紹介	08
3. キャラクターデザインについて	09
4. 使用ツールについて	11
5. アドオンの導入	12
6. 準備・環境設定	13
7. よく使用するショートカット	15

1章：顔のモデリング　17

1. 顔のラフモデリング	18
2. 顎	26
3. 首	30
4. 耳	32
5. 耳裏と後頭部	36
6. トポロジー修正・形状の調整	41
7. まつ毛	42

2章：身体のモデリング　47

1. 身体	48
2. 手	68
3. 足	87
4. ブラッシュアップ	94

3章：マテリアル　105

1. マテリアルの設定　106

2. 360度チェック用カメラの設定　116

3. Pencil+4ラインの設定　124

4. 頭部のブラッシュアップ　131

4章：髪の毛・衣服・眼球　143

1. 髪の毛（ラフ）　144

2. 衣服（ラフ）　161

3. 髪の毛（詳細）　186

4. 衣服（詳細）　224

5. 各部の調整　284

6. 眼球　288

7. 命名変更　296

5章：UV展開とテクスチャ　297

1. UV展開　298

2. 固定影について　313

6章：リグとコントローラー　321

1. リグの作成　322

2. バインドと頂点グループ　328

3. スキンウェイト　336

4. 顔まわりのコントローラー作成　343

5. ウェイトチェック　350

6. ポーズ付け　350

7章：レンダリングとコンポジット　359

1. レンダリングとコンポジット　360

8章：アドオンと機能紹介　375

1. お役立ちアドオン　376

2. Blenderのお役立ち機能　378

3. Pencil+4 ライン　380

4. Pencil+4 マテリアル　382

あとがき　383

はじめに

3DCGキャラクターアーティストの亥と卯です。
本書をお手に取っていただき誠にありがとうございます。

はじめに申し上げますが、
本書は初心者向けのチュートリアル教本ではありません。
初心者向けの教材は書籍や動画でたくさん見つかるため、
本書は３Dモデリングを学んでいる専門学生や
キャラクターを一度完成させたことのある方、
セルルック表現に興味のある中級者を、主に対象としています。
そして、Blenderに関する機能を一つひとつ丁寧に紹介するものではなく、
どのDCCツールにも共通した、
セルルック（手描きアニメのようなルック）キャラクターモデリングの
流れを紹介するものになっています。
したがって、本書の前に基本的なBlenderの操作と
キャラクターモデリングの大体の流れを学んでおくことをお勧めします。

CGアニメで扱われるセルルックモデルは
さまざまなユニークな技法を用いて、作画アニメのようなルックを再現しています。
本書ではできるだけシンプルな工程で簡潔に制作する方法を紹介します。

※キャラクター制作の過程で有料プラグインPencil+4 for Blender（Psoft社）を使用しています。

亥と卯　3DCGキャラクターアーティスト

大阪の専門学校を卒業後、フリーランスでアニメ・ゲーム・映像・Vtuber・VRなどの幅広い3Dキャラクター制作に参加。仕事と並行して自主制作アニメを作ることを目標に、日々技術と知識の研鑽を重ねながら、自主制作活動も活発にしています。また、チュートリアル動画の作成や講演への登壇、記事の執筆なども行なっています。

HP：https://www.itou-nko.com　　X（旧Twitter）：@itou_nko

1. キャラクター制作の流れ

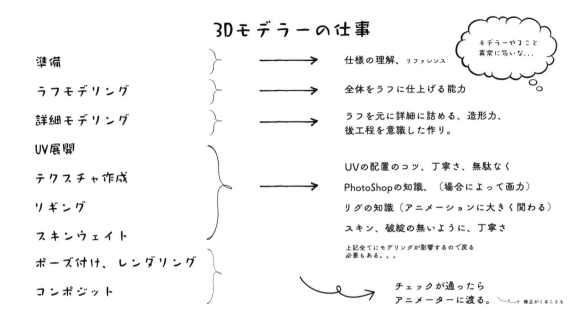

上の図は、以前、私がイベントに登壇した際に使用した「3Dモデラーの仕事」を大まかにまとめたスライド画像です。本書も基本的に同じようにキャラクター制作を進行します。図には含まれていませんが、途中途中でシェーダーの作成や調整、Pencil+4 ラインの調整を行う工程を挟みます。

一般的なキャラクターモデリングの方法と大きく違う部分はありませんが、最終出力（映像向けか、リアルタイム向けか）で意識する部分が多少変わります。

> 付属データ（制作データ＆ムービー）を活用することで、
> より深く理解することができます。こちらも合わせて、ご活用ください。

付属データについて

本書をお買い上げいただいた皆様に付属データをダウンロードでご用意しています。
詳細については、ボーンデジタルの書籍ページをご参照ください。
※データを使用するにはパスワードが必要です。

URL	https://www.borndigital.co.jp/book/9784862466303/
パスワード	iko10uduki

2. キャラクター紹介

皆さんが本書の内容を理解しやすいように助けてくれる2人のキャラクターを紹介します。彼女たちの掛け合いの中にとても大切な要素が詰まっているので要チェックです。「制作のヒント」や「Point」もご覧ください！

名前：イコ
3Dアニメーション部の部員。ウヅキと同じ学年ですが吹奏楽部から転部してきました。モデリング歴は半年。キャラクターを1体作ったことがあります。

名前：ウヅキ
3Dアニメーション部の部長。モデリング歴は5年。日々、部員や後輩に技術と知識を教えています。卒業までにショート3Dアニメーションを1本制作・完成させることを目標に活動しています。

Point

セルルックモデリングの特徴

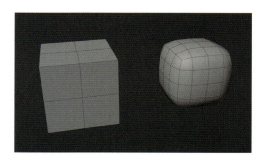

セルルックキャラクターモデリングが他のモデリングと違う大きなところは、サブディビジョンサーフェスを用いて制作していく点にあります。サブディビジョンサーフェスとは、低ポリゴン状態のポリゴンを規則的に細分割し、滑らかな外観にすることができる機能です。

セルルックは「カラー＋影色のシンプルなシェーディング部分」と「アウトライン」という大きく2つの要素から成り立ちます。その両要素にとって滑らかさはとても重要なので、サブディビジョンサーフェスを伴った造形が必須になります。

単純な造形作業の点でも、ゲーム用モデル・VR向けモデル・アニメ用モデルなど、それぞれの使用環境や見る視点によってモデリングの際に注意することが違います。また、ゲーム用モデルではカラーテクスチャを作成し通常色や影色、ハイライトなどを描き込みますが、セルルックではテクスチャに直接陰影やハイライト描き込む方法以外に、白黒マップを作成してシェーダーによって色を指定する方法が主流です。

このように一纏めにキャラクターモデリングと言っても、細かいところで意識しなければならない要素はそれぞれ違います。

3. キャラクターデザインについて

本書で制作するキャラクターの三面図、デザイン画です。ライトノベルの表紙・挿絵、キャラクターデザインや初音ミク公式イラスト、ソーシャルゲームのキャラクターデザインなど数々のキャラクターデザインを手掛けられている、イラストレーターのかも仮面さんに描いていただきました。

キャラクターのイメージ

- 制服を着た女子高校生。身長162cm程度。
- 髪色は黒色や紺色などの暗い色、年齢は17歳で共学の高校に通っている。
- 性格は控え目で、誰にでも笑顔で気を遣って接するタイプ。
- 少し大人っぽい綺麗な女性。物語のメインヒロインのような感じ。

 かも仮面 イラストレーター

ゲームイラストで業界に入り、現在は気が向くお仕事なら何でもやっている雑食イラストレーター。自分の絵が3Dになるのは初めてで、本書のキャラデザの依頼を頂いた時からずっとわくわくしています！

HP：https://kamokamenn.weebly.com
X（旧Twitter）：@sangsilnoh

■主なお仕事
- アニメ『勇気爆発バーンブレイバーン』（キャラクターデザイン原案）
- ライトノベル『忘れえぬ魔女の物語』（イラスト制作）
- アニメ『アイドルマスターシャイニーカラーズ』（キャラクター制作協力）

Point

キャラクターデザインとリファレンスの重要性

「どんな性格か」「どのような表情をするか」「いろいろな角度から見てどのように映るか」など、イメージを掴みやすくするために、かも仮面さんにキャラクターの表情集を作成していただきました。

キャラクターに限らず立体物をモデリングするにあたって、リファレンスの量と質はとても重要です。リファレンスの豊富さや質でクオリティがほとんど決まると言っても過言ではありません。

アニメキャラクターなどの二次創作であれば、アニメ内で描かれている描写がたくさんあるので、それを元に制作していけば良いですが、オリジナルの場合は正面のみの立ち絵1枚で進める人が多いと思います。

ただし、オリジナルキャラクターの場合でも、頭の中だけで設定を作っていくのではなく、三面図やいろいろな角度の表情集など、できるだけ多くのリファレンスや設定を予め描いたり、用意したりしておくことが大切です。

Point

手が早く、上手くなるには

キャラクターに限らず「さぁ、これから3Dモデルを作ろう！」となったとき、何を考えて作り始めるでしょうか？ その人の経験やスタイルによって変わるでしょうが、初心者の頃やキャラクター制作の経験が浅いうちは、ひたすらに見よう見まねで作ってみましょう。最初のうちはとにかく手に馴染むように、そして、リファレンスを見た時にどう作れば良いか悩む時間が少なくなるよう、数を作ることが大切です。

学生の頃、ベテランの3Dモデラーの方が登壇されているイベントに参加したときのことです。ある学生さんが「○○さんのようにキャラクターモデルを作るのが早く、上手くなるのに、どのくらいかかりますか？」と質問しました。すると、その人は言いました。「少なくとも100体以上ですかね。まずは100体以上作ると早く、上手くなってきます。僕も10年で100くらいは作っていると思います」

その時は「100」という数字に驚きましたが、同時に、やはり上手い人は相応の経験と努力の上に成り立っているんだなと安心しました。もちろん、がむしゃらに同じ質のものを100体作るのではなく、質とスピードを上げながら作る必要があると思います。ただ、反復練習のように数をたくさん作ることも必要だということです。私もプロになって6年目（※本書執筆時）で100という数字には届いていないので、まだ自分で「上手い」と言える領域に達していません。この本を執筆するためのキャラクター制作は、完成されたキャラクター制作ではなく、上達するための1体ということになります。

4. 使用ツールについて

モデリング：Blender 3.3 以上 ／ テクスチャ描画：Photoshop ／ コンポジット：After Effects
今回制作に使用した**アドオン・プラグイン**を紹介します。

Pencil+4 for Blender	https://psoft.co.jp/jp/product/pencil/blender/
AutoRigPro	https://blendermarket.com/products/auto-rig-pro
TexTools	https://github.com/SavMartin/TexTools-Blender/releases
LazyWeightTool	https://booth.pm/ja/items/1551357
NodePreview	https://blendermarket.com/products/node-preview
EdgeFlow	https://github.com/BenjaminSauder/EdgeFlow
Simple Renaming Panel	https://github.com/Weisl/simple_renaming

Blenderには無料・有料を問わず、便利で使いやすいアドオンがたくさんあります。Blender Marketでは世界中のBlenderユーザーが開発したアドオンが販売されています。機能を拡張する便利なアドオンから背景アセットなど、宝探しのような感覚で有用なものを見つけるのが楽しいので、是非一度見てみてください。

https://www.blendermarket.com

5. アドオンの導入

アドオンがZIPファイルの場合

ダウンロードしたアドオンがZIPファイルの場合は、Blender内の上部タブ [編集] から [プリファレンス] を開き、アドオンタブを選択、右上の [↓インストール] からZIPファイルを選択してください。チェックマークを入れると有効化されるので、有効化を確認してから制作作業に入ります。

アドオンがZIPファイル以外の場合

アドオンがZIPファイルではない場合は、既にインストールされているアドオンの1つを選択し、▼マークを押して詳細を開きます。ファイルが存在しているパスを確認して、パス先にアドオンを直接入れます。

パスを辿る際に該当のファイルが見当たらない場合は、エクスプローラー上部の [表示] タブを選択し、[隠しファイル] を選択して可視化します。

可視化されたファイルは下図のように少し薄いファイルアイコンで表示されます。

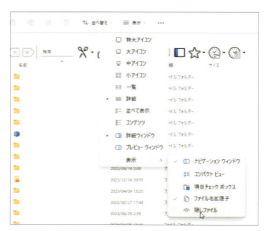

パスを辿る際、複数のBlenderをPCにインストールしている場合は、アドオンを導入したいバージョンのファイル先に入れる必要があります。

6. 準備・環境設定

1. Blenderのインストールが完了したら、立ち上げて、環境設定を行います（※バージョンによって多少異なります）。

まず、単位設定を**[センチメートル]**に変更します。キャラクターの身長など数値入力をする際に分かりやすいため、単位設定をセンチメートルに設定するのが一般的です。また、他のクリエイターと作業を共有する際は単位を統一しておくことが大切です。

2. [レンダープロパティ] の [カラーマネジメント] タブを開き、**[ビュー変換]** を **[標準]** に変更します。

3. [ワールドプロパティ] の [サーフェス] タブを開き、背景色の**[強さ]**を**0**に設定します。

4. [レンダープロパティ] の [フィルム] タブを開き、**[透過]** を有効します。

5. 以上の設定を行いレンダープレビューで見てみると、右図のようになります。これで環境光がオフになり、ライトだけの影響を受けるフラットな状態になりました。セルルックの場合、ガンマや環境光によって指定したシェーダーとの色味が若干変わってしまったりするので、環境光やガンマ補正のない状態で制作することが多いです。

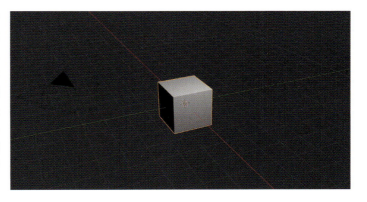

6. 下絵を読み込みます。元々置いてあったボックスの形を変え、高さをキャラクターの身長に合わせて変形させます。身長162cmの設定なので高さを162cmに合わせます。

7. リファレンスフォルダから正面のキャラクターデザインを選択し、シーン内にドラッグ＆ドロップします。そのままでは大きいので、先ほど調整したボックスに合わせて大きさを調整します。顔のみを切り抜いた画像も同様に調整し、配置します。

8. ショートカットを変更します（※こちらはお好みで）。私は3ds Maxユーザーでもあるので、Maxでよく使用していたショートカットは同じキーを割り当てています。

3Dモデルを1体作るのにも
準備することがたくさんあるんだね

**3DCGは準備が
すごく大事だからな**

準備がまともにできていないと
完成品も良くないものになるんだ

ショートカットも
自分好みにカスタムするんだね

自分なりのやりやすい
ショートカットや作り方を見つけると
何倍も作業効率やクオリティが変わるんだ

何倍も!

上手くて作業スピードの速い人は
自分なりの方法を見つけている人なんだね

7. よく使用するショートカット

私がよく使用するショートカットを紹介します。Blenderのショートカットは非常に多く、覚えるのがとても大変に感じます。他のソフトから移行した人は、その多さや違いに戸惑うことも少なくないでしょう。私は普段からUI上で操作できる部分は可能な限りショートカットを使わずに、最小限のよく使用するショートカットのみを覚えて制作しています。

[Tab]	モード切り替え
[Ctrl]+[Alt]+[Q]	ローカル表示（選択中のオブジェクトを単一表示）。デフォルトでは[テンキー/]
[Alt]+[X]	透過表示を切り替え。デフォルトでは[Alt]+[Z]
[Ctrl]+[P]	ペアレント、オブジェクト同士やアーマチュアとの親子付けを設定
[Alt]+[P]	ペアレント解除、親子関係の解除
[Ctrl]+[J]	オブジェクト同士の結合、複数選択し最後に選択したオブジェクトに結合される
[G]	オブジェクトや頂点の移動、ピボットを選択する必要がない
[S]	スケール、拡大縮小
[R]	回転
[P]	メッシュの分離。選択したポリゴンを別オブジェクトとして分離
[F]	面の作成、穴埋め
[E]	押し出し
[M]	マージ、頂点の結
[H]（[Alt]+[H]）	選択したポリゴンを非表示、[Alt+H]で非表示にした全てのポリゴンを再表示
[S] → [X]or[Y]or[Z] → [0]	スケールの後にXYZ軸いずれかを選択すると単一の軸にのみスケールをかけることができる。その後0を押すと頂点を直線に並列できる
[G] → [X] or [Y] or[Z]	移動の後にXYZ軸いずれかを選択すると単一の軸のみ移動させることができる
[Shift]+[E]	辺のクリース。サブディビジョンを懸けた際に、設定したエッジが鋭角になる

CHAPTER 01 Face Modeling

1章
顔のモデリング

1. 顔のラフモデリング

1. 顔を作成していきます。上部タブの［**追加**］から［**メッシュ**］→［**平面**］を選択し新規の平面を作成します。平面の大きさを調整して目の下あたりに配置します。

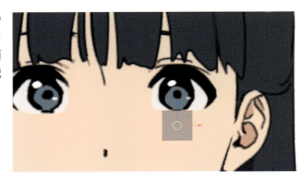

2. 平面を選択したまま編集モードに入り、目を囲むようにポリゴンを編集します。任意の辺を選択し、[**E**] キーを押したまま移動させると、面を増やすことができます。

3. 目を囲んでいるポリゴンにループを1本追加し、顔の中心に向けてポリゴン伸ばして眼鏡のような形にします。真ん中の頂点を複数選択し、[**S→X→0**] と入力して選択頂点を縦方向に真っすぐになるようにします。

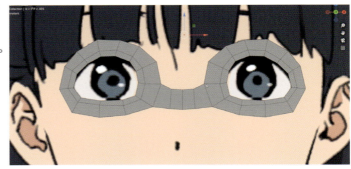

4. 真っすぐになった頂点を選択したまま、数値入力で0地点になるように移動します。そして、オブジェクトに [**ミラー**] モディファイアーを追加すると左右対称になります。

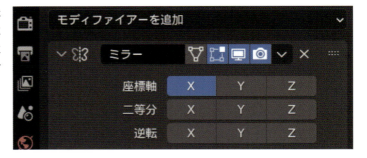

5. 口のまわりにも同じようにぐるっと一周するポリゴンを作成します。続けて、目のまわりと口のまわりのポリゴンをつなぐポリゴンを作成します。

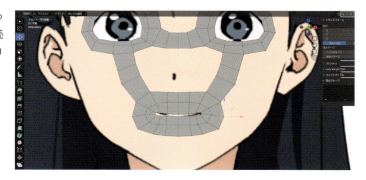

6. 目のまわりから顎あたりまでポリゴンを伸ばし、空いている穴を埋めるようにして、ポリゴンを増やしていきます。

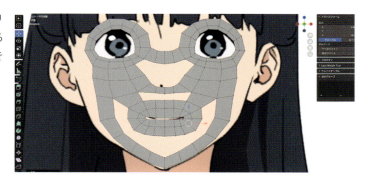

7. 鼻まわりを埋め、輪郭に沿うように顎から頬まわりのポリゴンを拡張します。この段階のトポロジーはあくまでも仮のもので、立体化していく段階で調整していくものと思ってください。

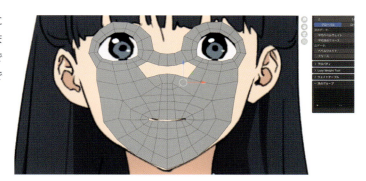

8. 目のまわりのポリゴンと額まわりのポリゴンを徐々に増やしていきながら、整えます。

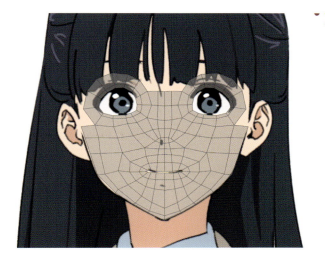

9. 正面のポリゴンを額付近まで増やしたら、次は横顔を作っていきます。

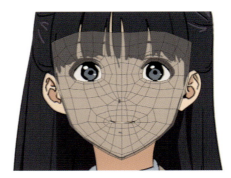

10. リファレンスフォルダから横顔を切り取った画像をドラッグ＆ドロップして、ビュー内にインポートします。

11. 横側から見えるように90度回転し、配置します。

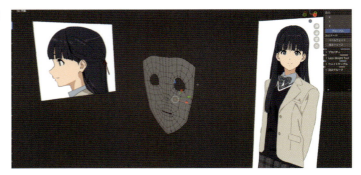

12. ここから立体にしていきましょう。まず、**[プロポーショナル編集]** をオンにして頂点を複数選択し、後ろに引っ張って大まかに形を作ります（[プロポーショナル編集]についてはP.378を参照）。

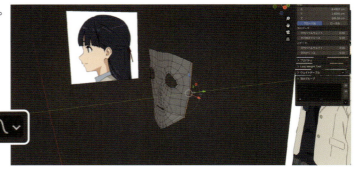

13. ［プロポーショナル編集］のサークルの大きさは、頂点を一旦動かした後にマウスホイールか、**[Page Up/Down]** で大きさを調整できます。

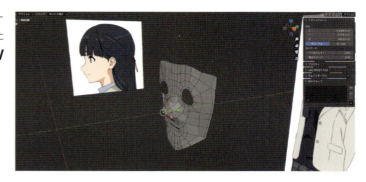

14. 視点を横方向にし、頂点編集でデザインに合わせて形を調整します。

 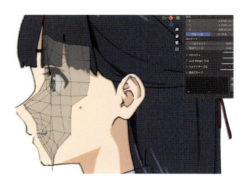

15. 鼻や口の位置は、正面から見たデザインと横から見たデザインで若干違うので、バランスを考慮して調整する必要があります。

16. メッシュがボコボコしていて見づらいので、ある程度形ができたら、［スムーズシェード］に切り替えましょう。

17. オブジェクトを右クリックし **[オブジェクトコンテキストメニュー]** を開き **[スムーズシェード]** を選択します。

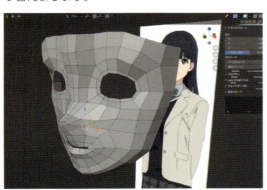 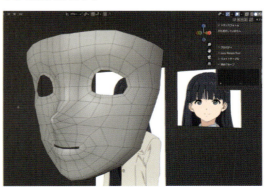

1章　顔のモデリング

18. 鼻筋をくっきりさせるため、鼻まわりのトポロジーを少し修正します。

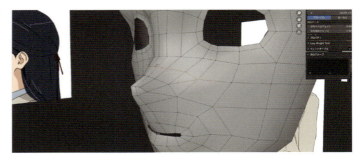

19. 鼻まわりのトポロジーを修正したので、エッジを綺麗に整えます。

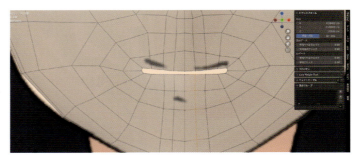

20. エッジが乱れていると感じたら、その都度修正することを心がけます。

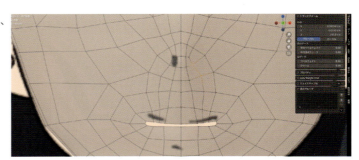

21. できるだけ各ポリゴンが同じ間隔、大きさで構成されるように心がけてください。ただし、口や目のまわりは集中していてもかまいません。

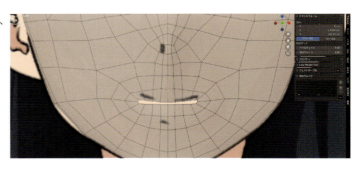

22. 右図のようなトポロジーになりました。

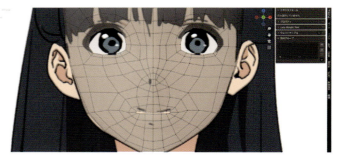

23. ここで一度サブディビジョンサーフェスをかけます。モディファイアーリストから**[細分化]** モディファイアーをオブジェクトに適用します。

24. ［細分化］をかけると図のようになめらかなメッシュになります

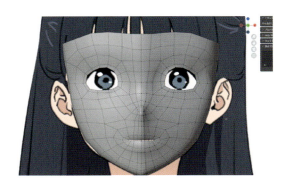

25. 最終的なトポロジーです。手順が前後したり進め方が違ったりしても良いので、まずは見よう見まねでトポロジーを作ってみましょう。

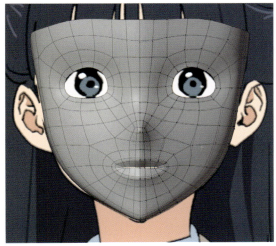

1章 顔のモデリング

26. 横から見たときの唇にメリハリがほしいので、唇の際のポリゴンにループを一周追加します。このような処理が、サブディビジョンサーフェス向けのモデリングに必要な要素になってきます。

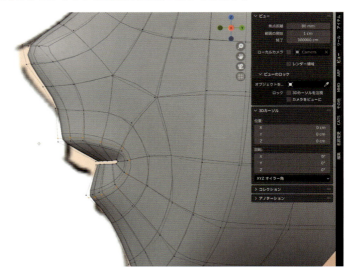

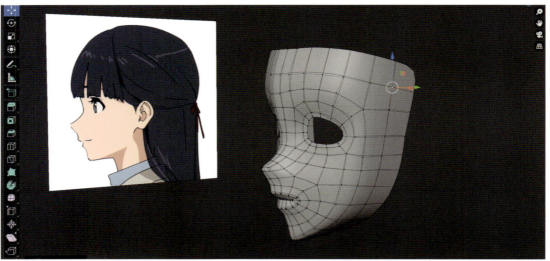

Point

1. まずは平面ポリゴンで正面のメッシュを作成することに集中する。
2. 正面のトポロジーが整ったら立体化し、お面のような形を作る。
3. 特にポリゴンが繊細に動く部分なので、トポロジーに気を付ける。
4. ポリゴンの間隔は均一に、そして、ポリゴンが増えすぎないように。
5. 目や口のまわりなど、よく動く部分はポリゴンを少し多めにする。

Creative Hint

顔

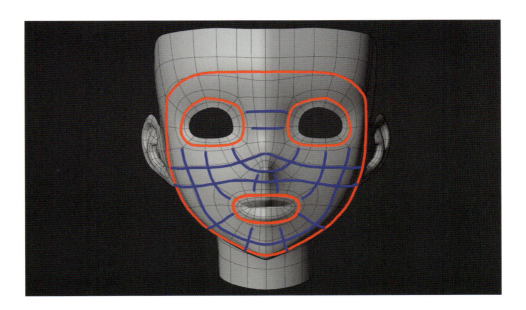

顔のトポロジーには、ある程度お決まりのようなポリゴンの流れがあると思います。人によって細かい部分で違いが出る部位ですが、大まかに全体を見ると上の図のような構成になっていることが多いでしょう。

顔の中でもよく動くパーツである目や口には、ぐるっと一周のループが入っており、そこから放射状に各部位へとポリゴンが流れています。内側からポリゴンを作っていくのも良いですが、私の場合、**赤線**のループが必要な部分を先に作成し、それから**青線**部分の顔の内側となるポリゴンを埋め、最後にトポロジーを整えています。

顔の造形は身体の中でも特に大切で、調整に時間がかかる部分です。最初は顔の調整で苦戦する人が多いと思いますが、まずは見よう見まねで作ってポリゴンの流れを吟味し、重要な部分のトポロジーを覚えていけば、段々と素早く作れるようになるでしょう。最初の状態を素早く作れれば、後は調整に時間をかけることができます。

2. 顎

サラっと流されがちな部分ですが、顎の造形はセルルック アニメキャラクターにとって結構重要な要素です。アウトラインやシェーディングにも大きく影響する部分なので、トポロジーや凹凸に気を配りながら制作していきます。

1. 耳の手前までポリゴンを増やします。

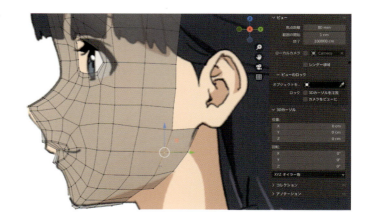

2. 額の辺りから1周するようにポリゴンを作成します。

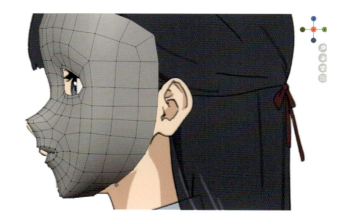

3. 下顎と首の境目となる段差を作ります。この辺りの造形は少しポリゴンの間隔を狭めながら作ります。

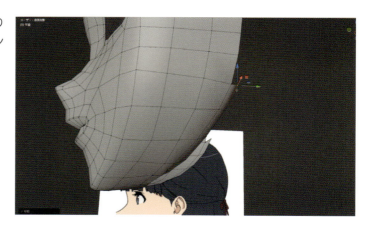

4. 下から見た図です。

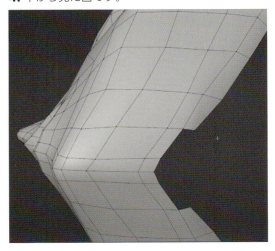

5. 顎下部分の造形が非常に重要です。

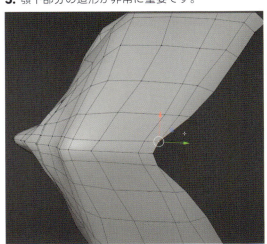

6. 口の方にポリゴンが流れるよう調整します。

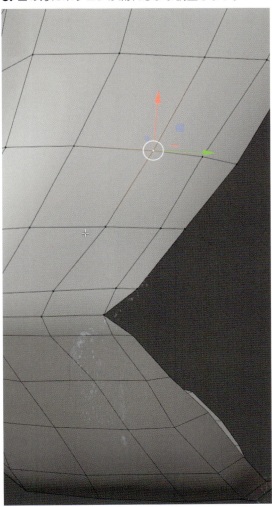
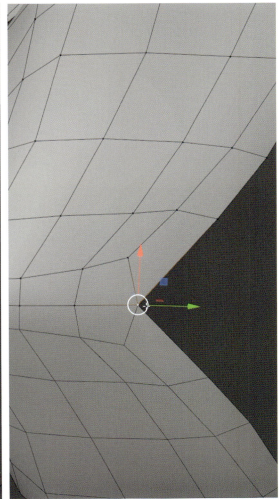

7. 顎を少し割きます。

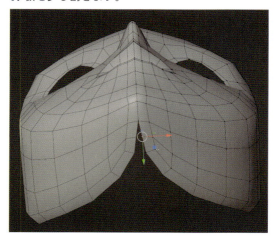

8. 間を埋めるようにポリゴンを作成します。

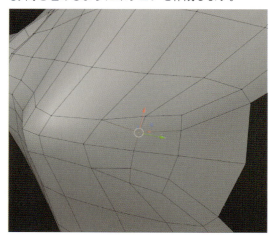

9. 三角ポリゴンになっている部分を四角になるよう調整します。

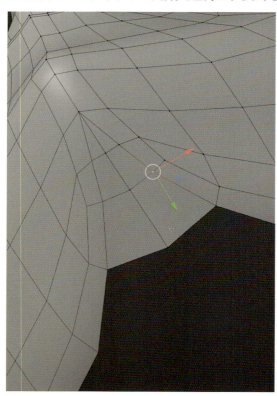
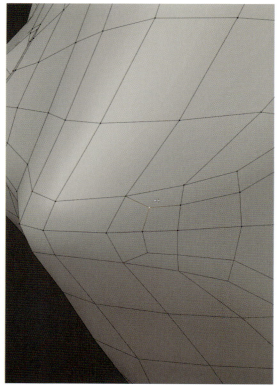

Creative Hint

顎

セルルックにおいて、顎の造形はかなり重要な部分です。特に、斜め顔や横顔で見たとき、顎部分にアウトラインやシェーディングが綺麗に出ていないと、途端に違和感が出てしまいます。実際アニメの作画やイラストを見てみても、顎と首の境目は必ずアウトラインか影になっていて、顎の造形が分かるようになっていると思います。

3DCGで狙った通りのラインを出すには、意識して「ラインを出すため」の造形をする必要があります。顎や耳など凹凸が強い部分は、きちんと凸になって出っ張っている造形、凹になって窪んでいる造形をポリゴンで大げさに表現します。

Creative Hint

1章 顔のモデリング

3. 首

1. 調整した顎部分からポリゴンを伸ばし、首を作っていきます。

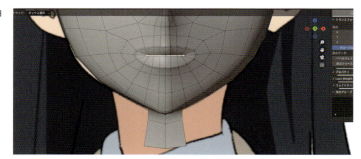

2. 横側の幅を調整してから、円柱状に整えていきます。

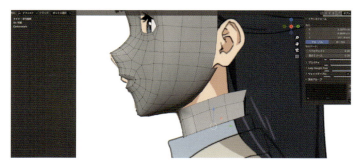

3. 正面から見た幅も整えます。

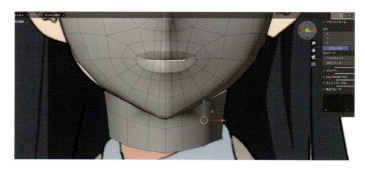

4. 耳下部分まで、もう少しポリゴンを増やします。

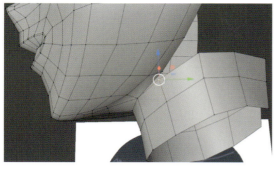
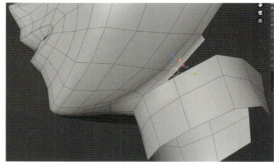

5. 透過してデザインに合わせます。

6. 上から見た図です。

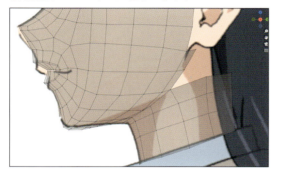
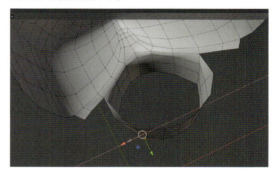

7. いろいろな角度から調整します。

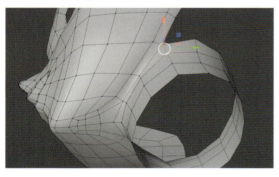

8. 横から見た図です。

9. 耳下くらいまでポリゴンを作ります。

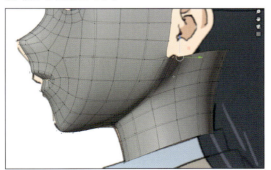
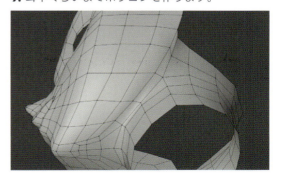

1章 顔のモデリング

4. 耳

耳を作成します。アニメで表現する耳はデフォルメの違いによって、さまざまな形や種類で描かれますが、今回はリアル志向の造形にします。

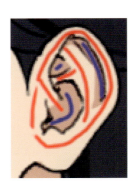

作り方は、右図の赤線で描かれている軟骨にあたる部分から平面ポリゴンで枠組みを作り、その後、立体化しながら青線部分を埋めていきます。リアル志向の耳なので、写真などを見て作っていくと良いでしょう。

1. 顔の一部のポリゴンを複製し、それを元にさらにポリゴンを伸ばしていきます。

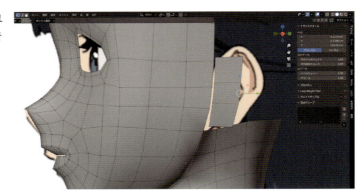

2. まず、耳を囲むようにポリゴンをひと回り作成します。

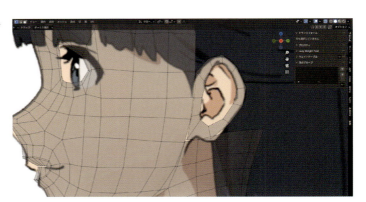

3. 次に、内側の対耳輪部分にポリゴンを伸ばしていきます。

4. 視点を変えて立体化していきます。

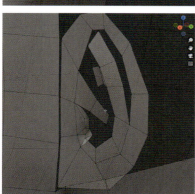

5. 三角ポリゴンができても良いので、一旦内側を埋めていきます。

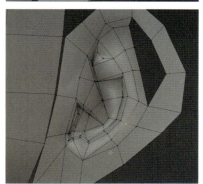

6. 埋めたら、トポロジーを整えます。

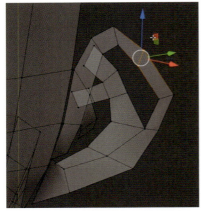

7. 耳と顔の頂点を繋げます。

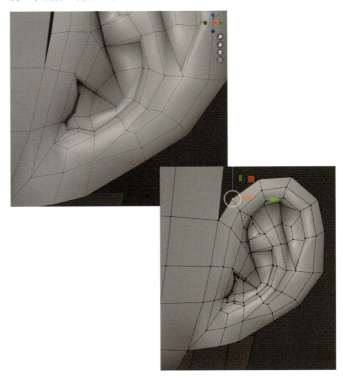

8. 正面からも形を合わせます。

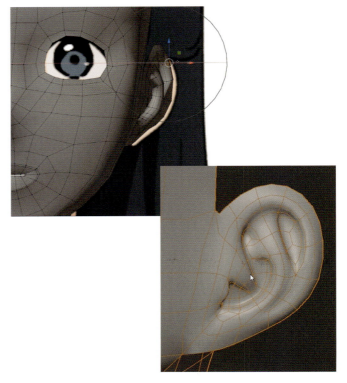

9. 耳の表側が完成しました。

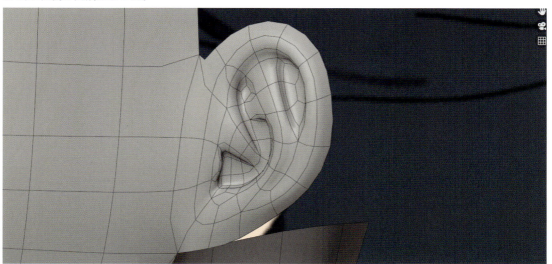

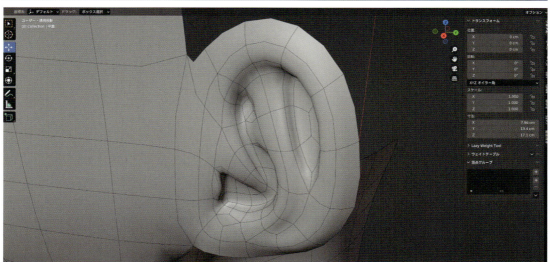

> **Point**
> 1. "耳輪"から囲い込むようにポリゴンを作成する。
> 2. 骨組みがある程度形作れたら、立体にしていく。
> 3. その後、"対輪"など内側のポリゴンを作成していく。
> 4. 後頭部に繋げる際、トポロジーを合わせないといけないため分割を増やし過ぎないように気を付ける。

耳は人体の中でもかなり複雑な形だけど
ポリゴン数を増やし過ぎないように注意しよう

1章 顔のモデリング

5. 耳の裏と後頭部

「耳の裏側」「後頭部」「頭頂部」を作成します。耳は顔全体に比べてポリゴン数が多くなりがちなので、頭部との連結の際にポリゴンを合わせるのが難しい部位です。耳裏はあまり見えない部分なので、三角ポリゴンになってもかまいませんが、極力三角ポリゴンができないトポロジーを探りながら作っていきます。

1. 耳の外周のポリゴンを一周分増やします。

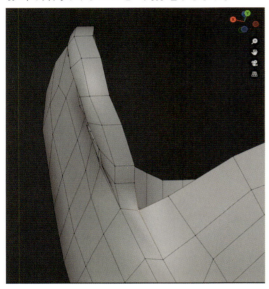

2. 耳の裏側までポリゴンを伸ばします。

3. 耳の下まで作っていた首のポリゴンを伸ばします。

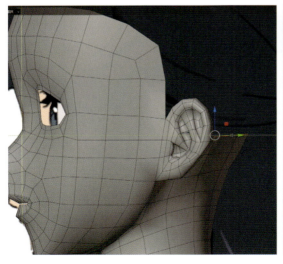
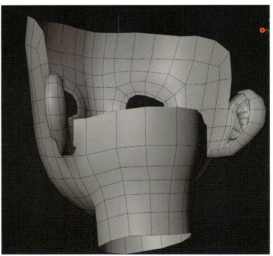

4. 額のポリゴンを伸ばして、頭頂部を作ります。

5. 首から伸ばしたポリゴンをさらに伸ばします。

6. 頭頂部のあたりまでポリゴンを作成します。

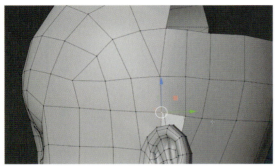

7. エッジを追加し、追加したエッジに対してアドオンの **[Set Flow]** を適用します。(P.377を参照)。SetFlowがない場合は、手動でトポロジーを整えます。

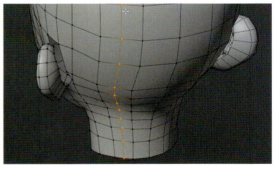

8. 額から伸ばしたポリゴンと首から伸ばしたポリゴンを連結させます。

9. トポロジーを整理します。

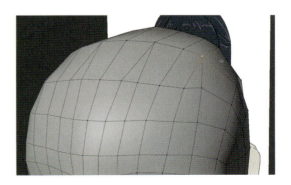

10. 額の上辺りでエッジを集約させて、ポリゴンが増えすぎないようにします。額の上は前髪で見えなくなるので三角ポリゴンになってもOKです。

11. 耳の裏以外のポリゴンを埋めます。

12. 耳の上部の付け根から徐々にポリゴンを追加し、連結させていきます。

13. 耳の下部の付け根のポリゴンを増やし、連結したら、さらにポリゴンを増やします。

14. 後頭部側のトポロジーを変え、耳と連結します。

15. ポリゴンが引っ張られ、トポロジーが汚いので、ナイフツールで割りを調整します。

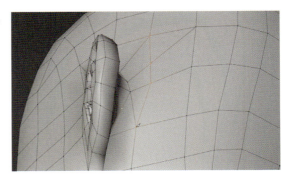

16. 三角ポリゴンになっている箇所を直していきます。

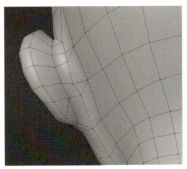 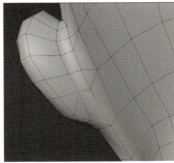 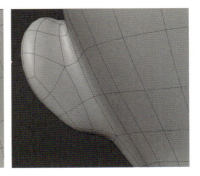

17. 最終的なトポロジー。

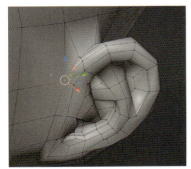  

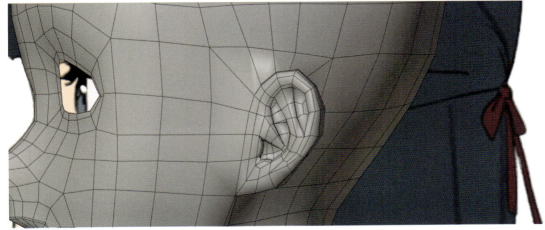

1章 顔のモデリング

Creative Hint

耳と後頭部

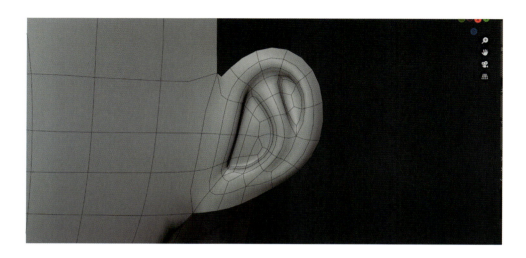

耳の作成につまずいたら、造形を簡素化してみると良いかもしれません。耳の造形は体の中でも特に複雑で、特殊な形状をしています。また、アニメ自体の雰囲気やデザインによって、デフォルメの程度が特に変わる部分でもあります。

小さいパーツでありながら複雑なので、どうしてもポリゴン数を割く必要があります。そのため、顔や後頭部とポリゴンの辻褄を合わせるのが難しく、ごちゃごちゃとしたトポロジーになりやすいでしょう。造形を簡素化し、テクスチャで表現するのも1つの手です。

後頭部は基本的に首の延長のような造形ですが、キャラクターの髪型に合わせて形を整える必要があります。また、耳上くらい（**赤線**）まではポリゴン数が多いのに対し、頭頂部（**青線**）は髪の毛で見えなくなる部分なので、ポリゴン数を割く必要がありません。

場合によっては、見えないポリゴン自体を削除する場合もあります。

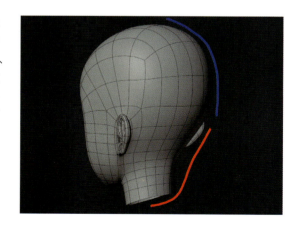

6. トポロジー修正・形状の調整

耳を作成し、頭部との連結が完了したので、次は、頭部全体のトポロジーと形状を調整していきましょう。特に三角ポリゴンができてほしくない部分やループになってほしい部分で、エッジを増減しながら造形も調整します。

1. こめかみに当たる部分が三角ポリゴンになっているので修正します。

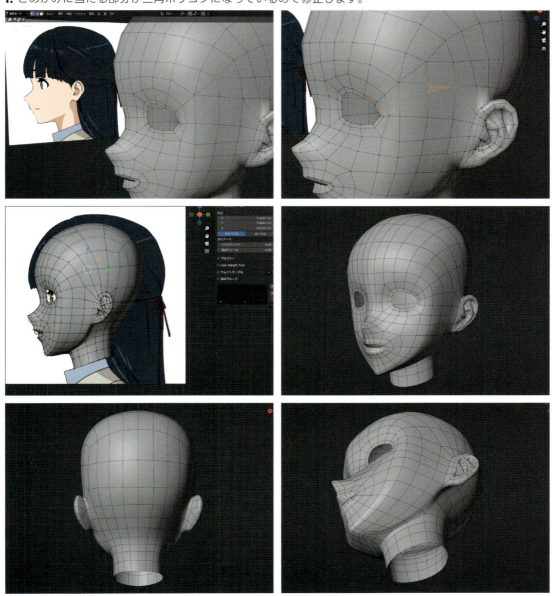

1章 顔のモデリング

7. まつ毛

まつ毛はモデルによって作り方がさまざまです。主に、顔と眉毛が結合している「結合型」と、分離している「分離型」の2つのタイプが挙げられます。「結合型」のメリットは扱う頂点が少なくて済むので、目まわりの表情が作りやすい点です。反対に「分離型」のメリットは、ある程度どんな形状にも対応できるので、より幅広く自由度の高い表情を作成できます。今回は「分離型」で作成します。

1. 顔のメッシュから目のまわりのポリゴンをいくつか選択し、複製します。

2. 別オブジェクトとして分離、ミラーを適用します。

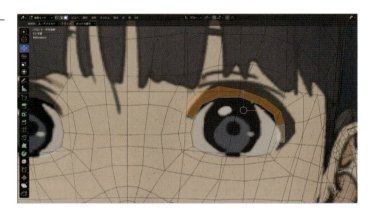

3. デザインに合わせ、まつ毛の形を大まかに調整します。

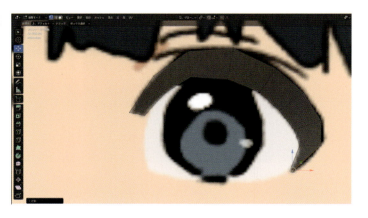

4. 正面以外からも形を調整したら、**[ソリッド化]** モディファイアーを適用し、厚みを付けます。

5. 裏側のポリゴンを一旦削除します。

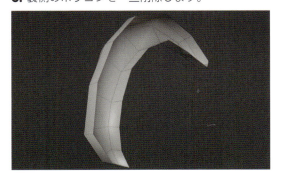

6. 真ん中にループを追加し、「山」を作ります。

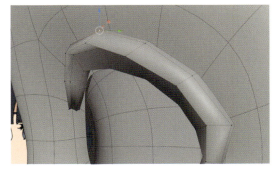

7. 「山」の部分のエッジにクリースをかけます。

8. 目尻付近を少しカクっとさせるため、サポートエッジを追加します。

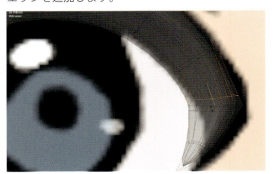

9. 裏面にポリゴンを作成します。

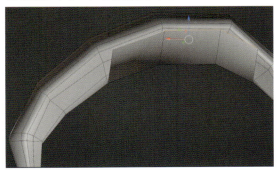
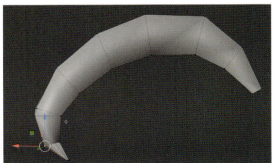

1章 顔のモデリング

10. [サブディビジョンサーフェス（細分化）] モディファイアーをかけ、形状を確認します。

11. まつ毛の枝分かれしている部分を作成していきます。

12. 調整したまつ毛の端のポリゴンを一部選択し、複製。六角形くらいになるように、エッジを減らします。

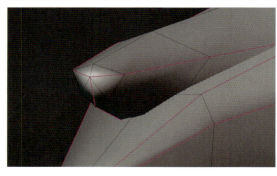

13. 形状を保持したいエッジ部分にクリースをかけます。

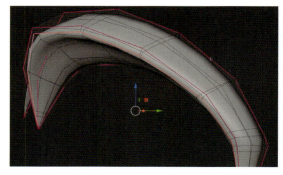
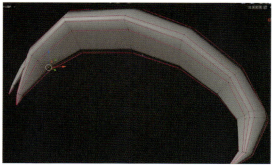

14. 目尻あたりにも枝毛を作成しました。

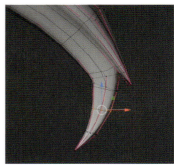

15. 完成したまつ毛。

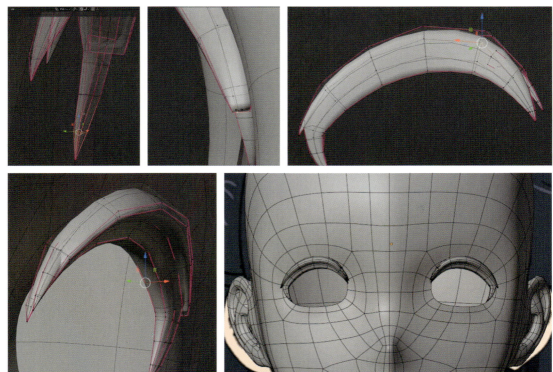

> ### ▸ Point
> 1. まつ毛は分離型で制作し、目のまわりのエッジ数とまつ毛の縦のエッジ数が同じになるように意識する。
> 2. 目尻の部分は分割を増やして、形状がぬるくならないように調整する。
> 3. 斜めや横から見ても、立体感が感じられるようにする。

Creative Hint

辺のクリース

辺（エッジ）のクリースで［サブディビジョンサーフェス］モディファイアーを追加した際に、特定のエッジを鋭利に設定することができます。クリースを設定したエッジはピンク色で表示され、強度を変化させることで鋭利になる度合いを調整できます。

本書でも度々使用しますが、シェーディングにも影響を与えるので、「クリースを使用する箇所」と「サポートエッジを追加して対処する箇所」を見極めながら制作する必要があります。

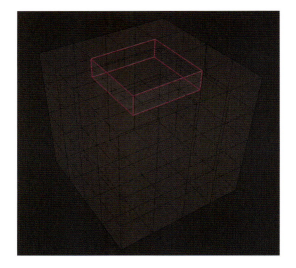

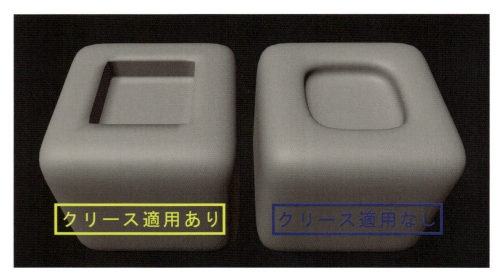

見極めの判断基準ですが、「ポリゴン数が増えすぎるとスキンウェイトの調整が大変になる部分」や「シェイプキー等で頻繁に形状を変形させる部分」にはクリースを使用します。クリースは必ずしも他ソフトとの互換性があるわけではありません。また、実際の制作現場では、仕様にクリース使用の可否も含まれます。状況に応じて使い分けましょう。

CHAPTER 02 Body Modeling

2章
身体のモデリング

1. 身体

身体（素体）のメッシュを作成します。モデリングを学びたての頃は、反復練習として1から作り直すことも多いでしょうが、ある程度慣れてくると以前作った素体を再利用し、調整したり、形を変えたりして「秘伝のタレ」のようにブラッシュアップすることが多くなります。実際の仕事でも、既に素体が用意されていて、それを元に調整や作り込みを行うことがよくあります。しかし、素体の理解度というのは、「素体を1から作ったときにどのくらいスムーズに作れるか」に直結します。学びたての頃は特に、素体を1から作るという経験を大切にしなければなりません。

1. ボックスを新規作成します。これが上半身のベースになります。

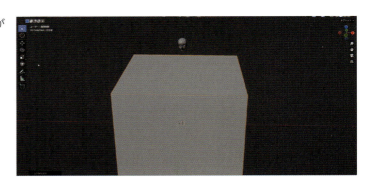

2. ボックスの形を図のように変形させます。

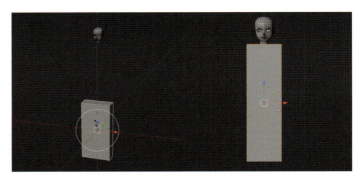

3. ポリゴンを細分化し、大まかに形状を作っていきます（[細分化] についてはP.378を参照）。

4.「胸」「腰のくびれ」「お尻」にあたる部分に、分かりやすく変化を付けていきます。

5. 大まかに形を作ったら、エッジを追加し、滑らかになるよう調整します。ポリゴン数が増えてきたら、スムーズシェードにしておきましょう。

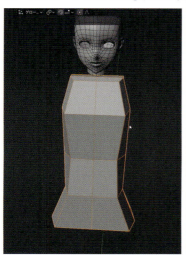 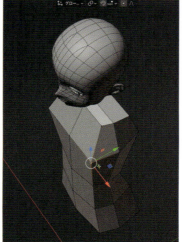 

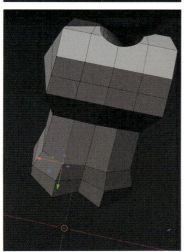  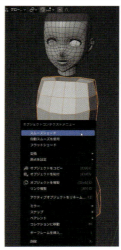 

2章 身体のモデリング

6. 胴体の下側のポリゴンをいくつか削除、足を作成するための空洞を作ります。

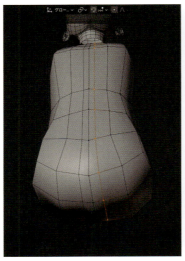

7. 肩付近のポリゴンを押し出して、腕となるポリゴンを作成します。この段階で大まかにくびれを作っておきます。

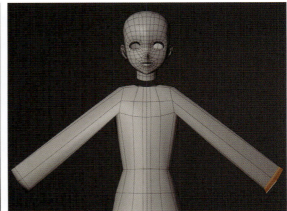

8. 作成した腕に横の割りを増やします。

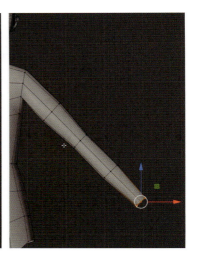

9. 首のまわりのエッジをループ選択できるように、ナイフツールでぐるっと一周ポリゴンを割ります。

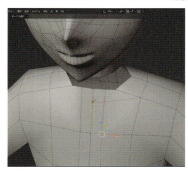
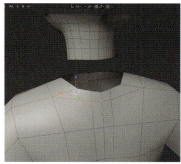

10. 腕の根元も同じく、ループになるようにカットします。カットをすると三角ポリゴンが生まれるため、四角になるように頂点を連結します。

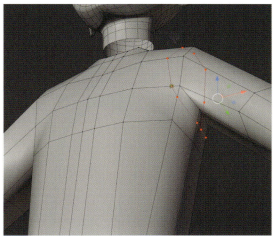
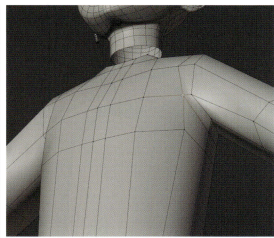

11. お尻の凹凸と腰のくびれを頂点移動で表現します。最初は大袈裟にすると良いでしょう。

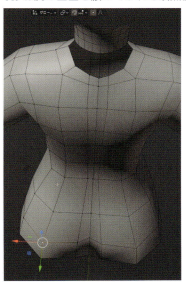
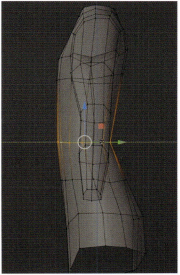
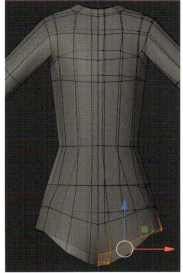

12. 胴体の首を伸ばします。

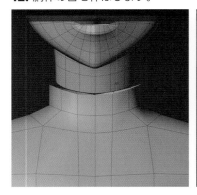
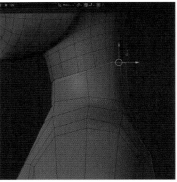
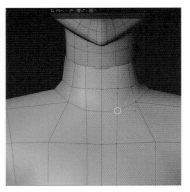

13. 腕と同じように脚もポリゴンを伸ばして作成します。割りを増やし、大まかにくびれを作りましょう。

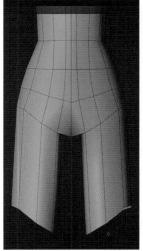
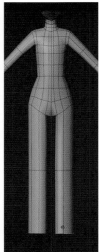

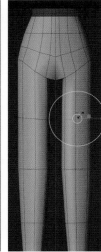
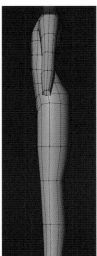

14. 腰まわりなど凹凸が強い部分は特に、いろいろな視点で確認しながら造形をします。丸みが足りないなと感じたら、どんどんエッジを追加します。EdgeFlowアドオンの **[Set Flow]** 機能を使用すると、エッジ間を補間して滑らかにするのが楽になります（P.377を参照）。

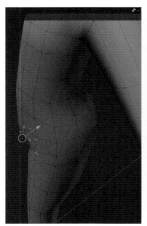
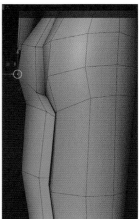
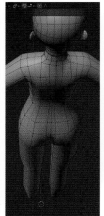
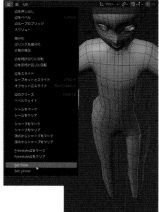

15. 足の付け根もループ選択できるようにナイフツールでぐるっとポリゴンを割ります。

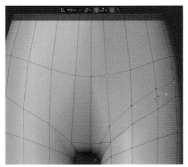
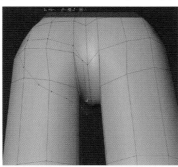
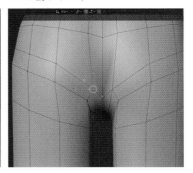

16. 股の内側に何本かエッジを追加して、丸みを調整します。

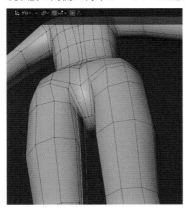

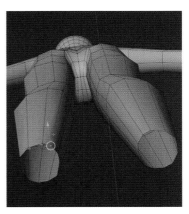

17. 胸を作成するために、ナイフツールでポリゴンを図のように割ります。

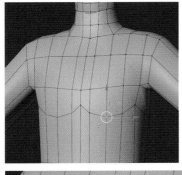
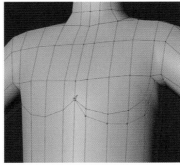
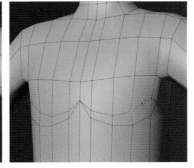

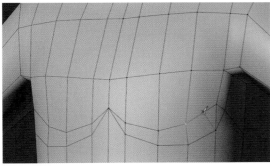
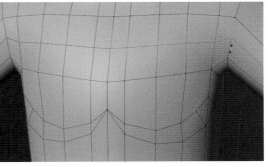

18. 胸となる部分のポリゴンを一旦削除し、空いた穴が円を描くように頂点を調整します。

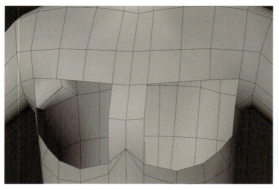
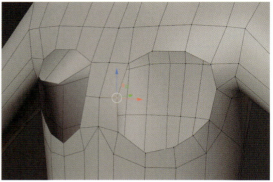

19. 円状の穴のエッジをぐるっと1周選択、内側に向けてポリゴンを作成します。ポリゴンが放射状になるように何度か作成して立体的にします。

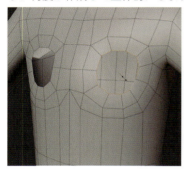
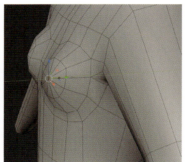
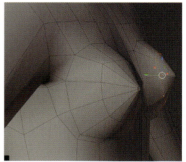

「綺麗なトポロジー」を意識しすぎると大胆なモデリングができなくなるから

はじめは怖がらずザクザクカットしよう

20. いろいろな視点から見て「胸」の形状を調整していきます。ここは、人によって理想の造形が分かれる部分だと思います。今回は最終的に衣服で隠れる部分（削除する部分）なので、画像通りにする必要はありません。目的に応じて、こだわりの加減を変えてください。

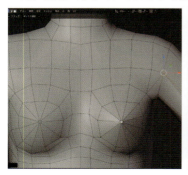
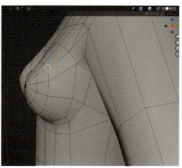
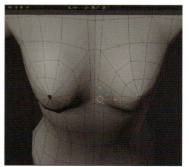

21. 肩まわり、腰まわりにもエッジを追加して造形をしていきます。腰まわりは「肋骨にあたる部分」がどこにあるかを観察しながら造形すると、立体にメリハリが付いて良いでしょう。

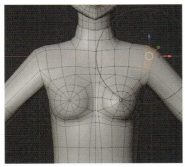
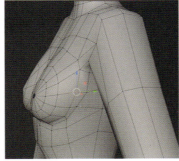
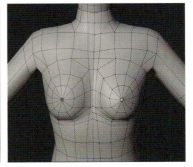

22. 最初のうちは1つの部位のみに集中しすぎず、「全体」を見ながら造形を進めましょう。

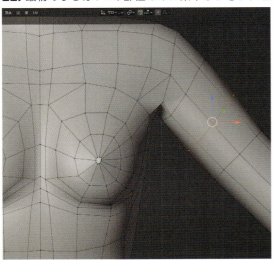
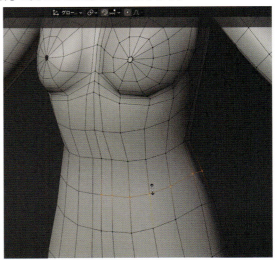

23. 肋骨の造形をします。

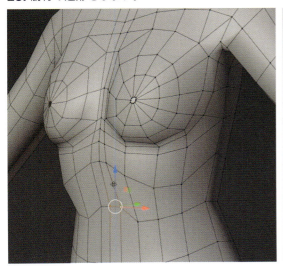
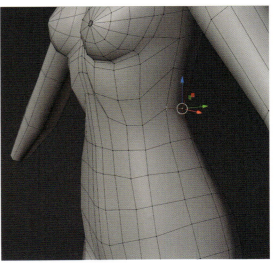

24. 胸まわりの凹凸とボリューム感を整えます。

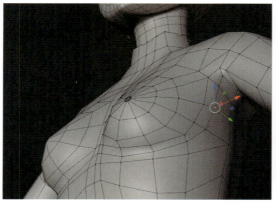

25. 脚も少しずつループを増やしながら、柔らかさを出していきます。

26. 時々、全身を遠くから見て、形状を確認するのが大切です。

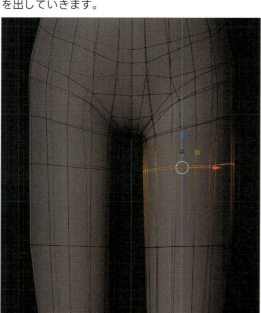
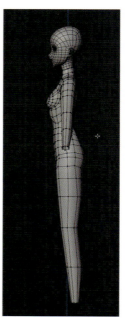

27. お腹まわりのトポロジーを修正しましょう。まず、ナイフツールで円を描くようにカットします。

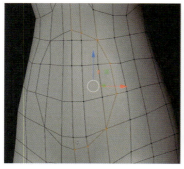

28. なるべく三角ポリゴンができないようにトポロジーを修正していき、おへその造形も行います。

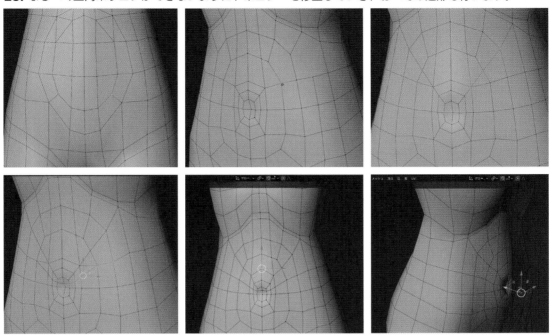

29. トポロジーを整えながら、お腹まわりの造形を詰めます。

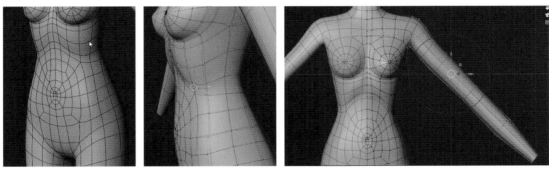

30. 今回のキャラは肩幅がリアルに近いので、肩幅がデフォルメされすぎないように気を付けます。

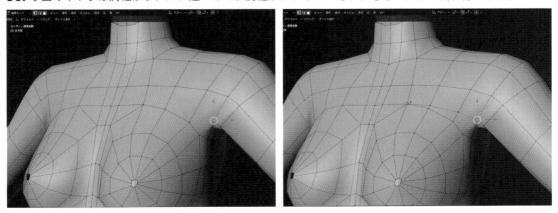

2章 身体のモデリング

31. 肩まわりのトポロジーを整えます。

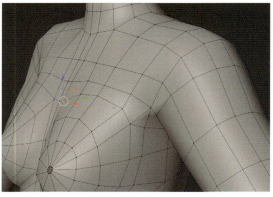
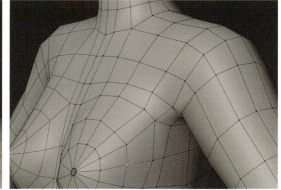

32. 胴体の側面にもエッジを追加して、ポリゴンが均等になるよう整えます。

33. 下着にあたる部分のシェーダーの色を変更します。今回は、下着をテクスチャではなくポリゴンで表現します。

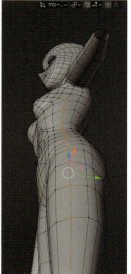
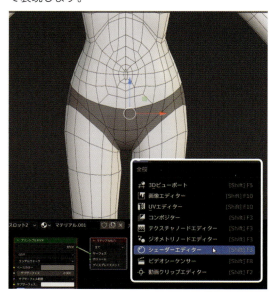

34. 下着部分のポリゴン数が少ないので、ナイフツールでカットしながら増やしていきます。下着の境界のポリゴンは、ループ選択できるようトポロジーを調整します。

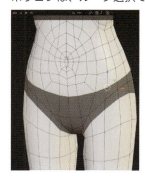
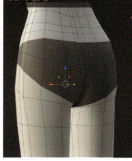
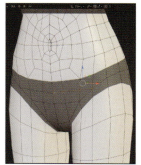
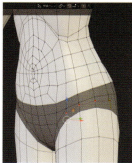

2章 身体のモデリング

35. 形を作りながら、縦のエッジが足りないと感じたら、その都度増やします。

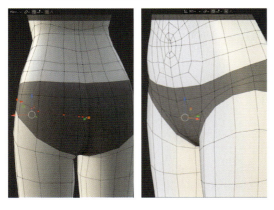

36. 縦のエッジを増やしたら、ポリゴン毎の大きさを揃えるように意識します。

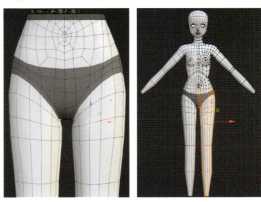

37. 今回はお尻まわりまでは見えないので、トポロジーにこだわり過ぎず、三角ポリゴンが残っていても気にしません。続けて、膝まわりを作っていきます。

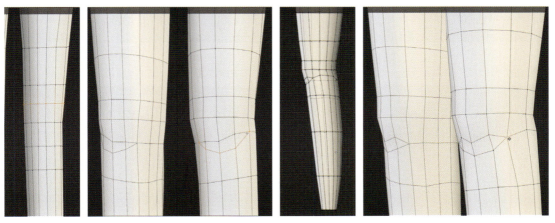

38. 膝に縦のループを追加、膝まわりの分割数を増やします。

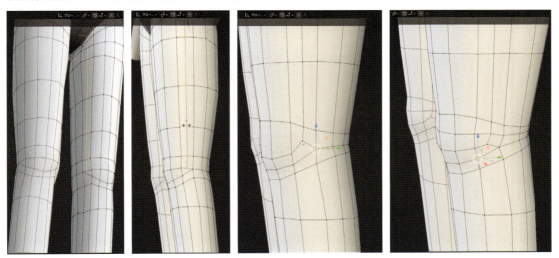

2章 身体のモデリング

39. 縦の割りを増やしたので、**[Set Flow]** などを使って、ポリゴンを等間隔に整えます。また、[サブディビジョン] モディファイアーを追加して、造形を確認します。

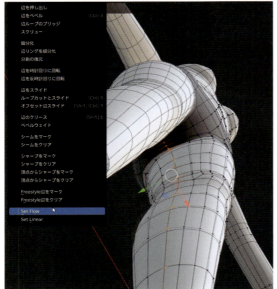  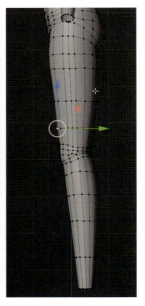

40. 脚の付け根や腰まわりは、さまざまな角度から見て造形を詰めます。

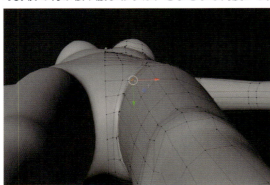 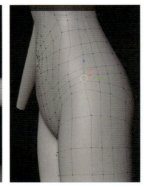 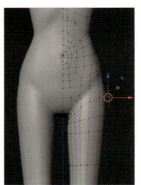

41. 膝のお皿の造形も軽く表現します。

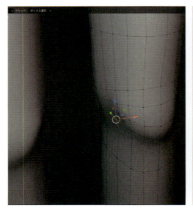 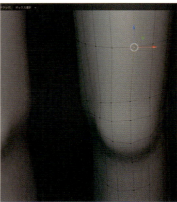 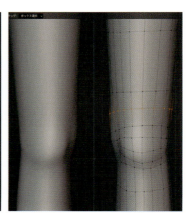

42. トポロジーは単調ですが、ふくらはぎの造形にも注意します。

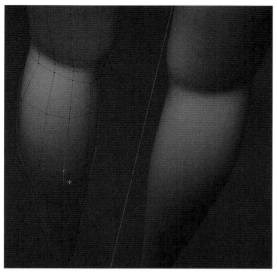
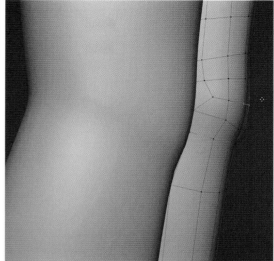

43. 腕の分割を増やしながら、軽く造形を詰めます。

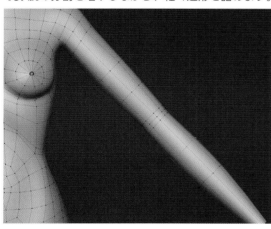
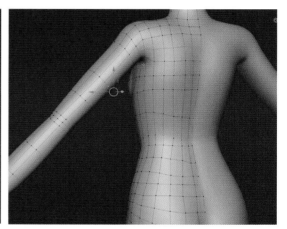

44. 分割が足りないと感じる部分にループカットでエッジを追加、形を調整します。

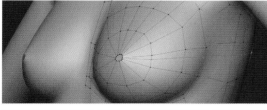
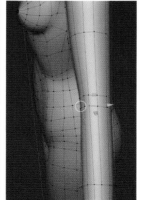
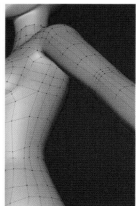

2章 身体のモデリング

45. 胸の横のエッジは、できるだけ二の腕の方向に流すと良いでしょう。

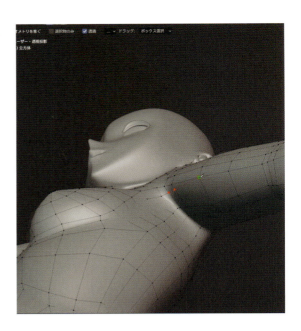

46. 肘部分は、表と裏でエッジの間隔を変えます。肘を曲げるとポリゴンが引っ張られ、分割数が不足しているように見えることが多いので、割り方に気を付けましょう。

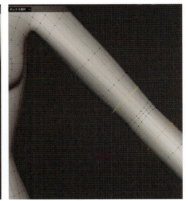

47. 手のひらを下側に向けた状態で作成するので、上腕に少し捻りを加えましょう。

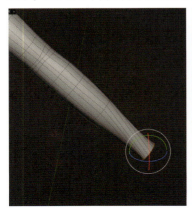
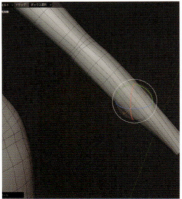
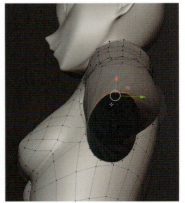

48. 上腕をひねると、手首は縦楕円になるはずなので、横に潰れるように調整します。他パーツの気になる頂点も、凸凹しないよう調整しましょう。

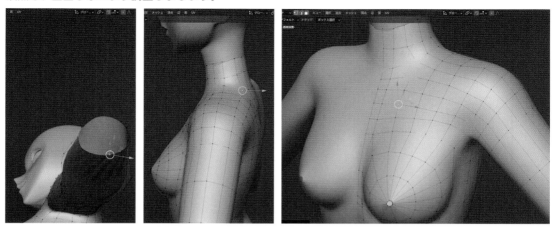

49. お腹まわりのトポロジーを修正します。

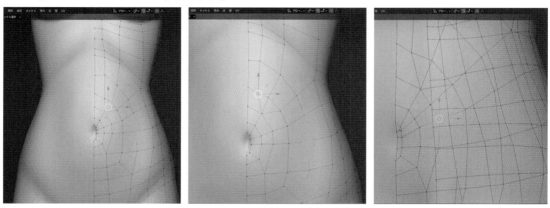

50. 胸の下辺りの分割が少し足りないので、ループを入れて調整します。

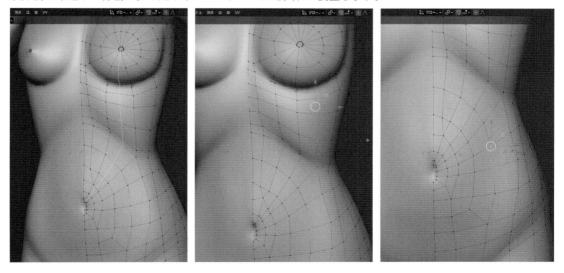

51. 肋骨やみぞおちの表現をもう少し分かりやすくするためエッジを追加、トポロジーを修正します。

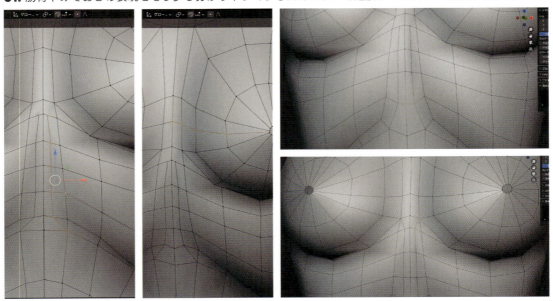

52. みぞおちあたりでエッジを逃がし、図のようなトポロジーになりました。

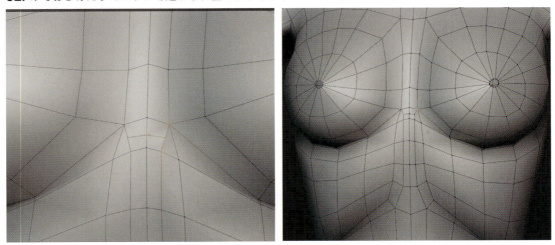

53. 胸の丸みや上腕に分割が足りていないため、ループを追加して形を整えます。

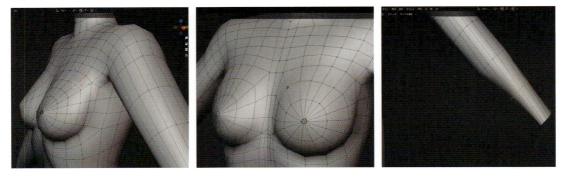

Creative Hint

身体

胸の付け根は、脇下辺りから流れるようにトポロジーを作ります（**赤線**）。肋骨の凹凸は、少し誇張ぎみに表現します（**青線**）。胸は下着を付けていない場合、重力によって少し下がるので図のようなシルエットになります。

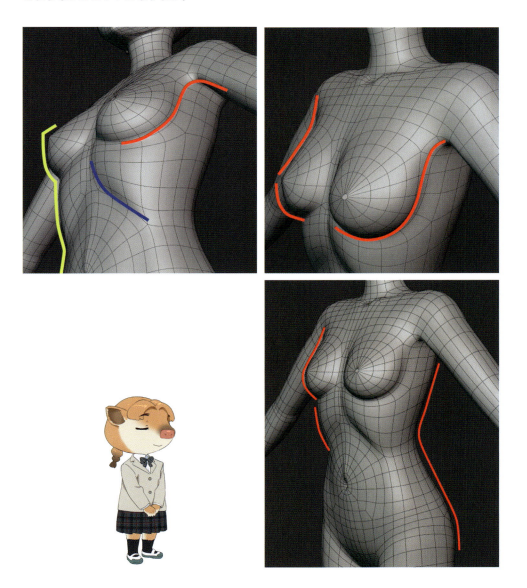

身体のまとめ

素体の作成は、とても複雑で時間のかかる作業の1つです。どのモデラーも「秘伝のタレ」のようにブラッシュアップを何度も重ねて「良い素体」を作っていきます。最初から完璧を目指すのではなく、まずは、**全体の完成を目指しましょう**。

素体の作成で気を付けるべき点として、「四肢の長さのバランス」がよく挙げられます。図の**赤線**の関節間の比率は、おおよそ1:1くらいだと言われています。

結構、キャラクターモデリング初心者は、上腕と前腕の比率を意識できているようです。ただし、腕の長さそのもの（**青線**）のバランスが取れていない人が多いように思います。

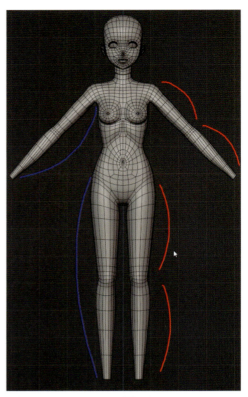

アニメキャラクターの場合、脚の長いキャラが多いため、脚はあまり気になりません。しかし、腕の長さはバランスが悪いと目立ってしまいがちです。「気をつけ」のポーズを実際に自分で取ってみて、腕を下ろした時に、関節や指先がどのあたりに位置するのかを意識しながら形作ると、より自然な造形になるでしょう。

「腰のくびれやお尻の大きさ」「肩まわりの厚み」「胸の造形」も大切な要素です。衣服で隠れてしまう部分が大半ですが、服を着せる際も服の中で身体がどういう状態なのか、衣服がどう身体に乗っかって影響を受けるのか、素体の造形や知識ありきで考えることが多いので、そのキャラクターの特徴に合わせて制作することが大切です。

今回の素体は、あまり時間をかけず、比較的シンプルなトポロジーで制作しました。もし時間があるなら素体に集中し、より良い造形やトポロジーを研究してみてください。

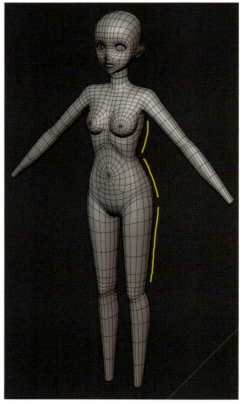

身体のモデリングって関節が多いのもあってトポロジーが複雑になりがちだよね

凹凸も多いし肉感とか気にしながらトポロジーを作るのは難しい…

そうだよなー

身体のトポロジーと造形はプロになってもずっと戦うことになるからね

複雑なトポロジーが最適解な訳じゃなくて場合によって変わってくる部分でもあるんだ

トポロジーももちろん大事だけどまずは「造形」と「シルエット」を整えるべきだな

モデルを単色表示にしたときにキャラクターの体型の分かる「魅力的なシルエット」になっているか確認してみてくれ

Blenderだとメッシュ自体のマテリアル設定を変えなくても簡単にビュー上のシェーディングを変えられる機能があるよね

いろんなシェーディングで見た目を確認するのが良いのかも

うんうん

トポロジーの大切さはポーズを付けたりアニメーションを付ける時に痛感することが多々あるから後の工程を経験しながらの調整が必要になってくるな

モデリングに慣れてきたらポーズを付けながらトポロジーを調整すると気付きが多いかも

2章 身体のモデリング

2. 手

3Dモデルの「手」は、顔と同じくらい大切と言われています。映像作品でも手が重点的に映るカットは、手だけ別のモデルを使って綺麗に見せるほど重要な部位です。ただ、その分、綺麗に作るには時間がかかり、何度も研究を重ねなければなりません。今回は時間の短縮のため、基本的な作り方はサラっと簡潔に紹介しましょう。

1. 身体と同じように立方体からスタートします。

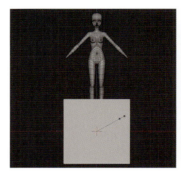 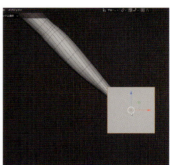

2. 厚みや大きさを手と同じくらいにします。

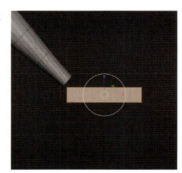 

3. 分割を増やし、指を生やす想定でループカットを入れます。

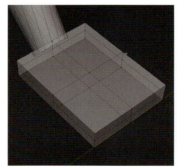 

4. 指となるポリゴンを4本分押し出します。

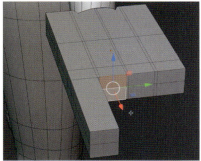

5. 4本押し出したら、そのうちの1本を選択して複製します。

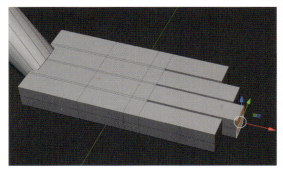
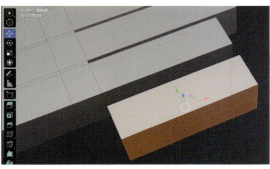

6. 指の造形を詰めていきます。

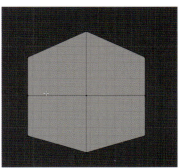
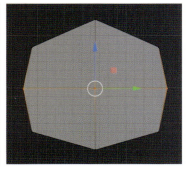

7. 指の先端の形を作ります。

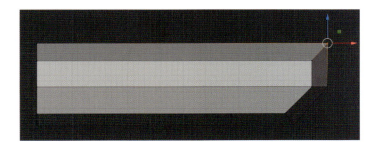

8. 関節となるおおよその部分にエッジを追加します。

9. 指の先端にさらにエッジを追加しながら、丸みを調整します

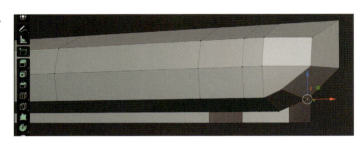

10. 指をスムーズシェードにします。

11. 指の関節にさらにエッジを追加、曲がる方向に合わせ、頂点の間隔に少し変化を付けます。

12. 指先にさらにエッジを追加します。曲がる部分を「谷」にし、指の腹部分に肉付きを追加します。

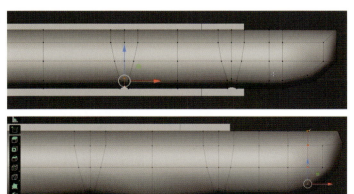

13. 上から見ても少し変化があるように調整します。

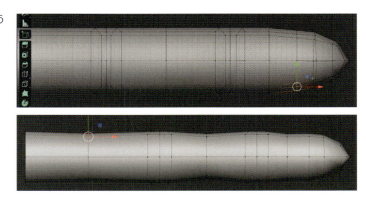

14. 指の上部に2本エッジを追加し、形を整えます。

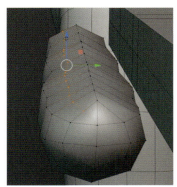
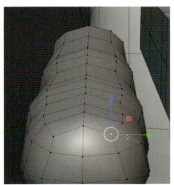

15. 指の第2関節のトポロジーを図のように変更します。

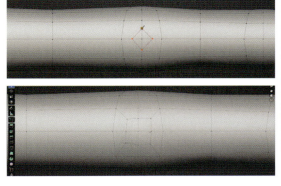
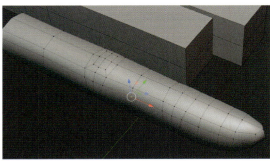

16. 一度サブディビジョンサーフェスをかけ、形を見ながら調整を続けます。

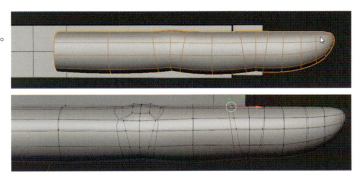

17. 爪部分にエッジを追加、右図のようなトポロジーにしていきます。

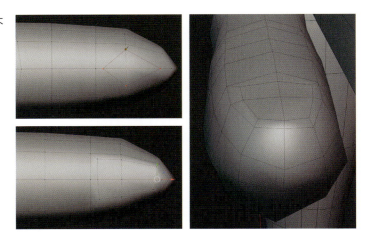

18. 爪になる真ん中4面のポリゴンを押し出します。

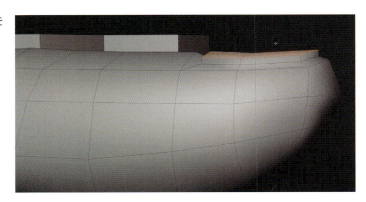

19. 押し出した爪の先を、さらに押し出し、爪先を作ります。

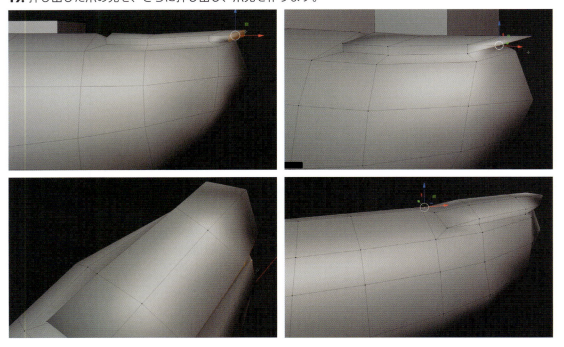

20. 爪先のポリゴンが足りず、尖ってしまっているので、カットツールで割りを増やします。

 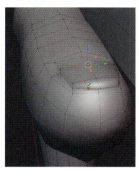  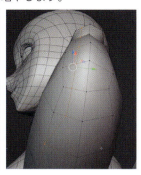

21. そのまま、指の下にカットし続けると、手全体のポリゴン数が多くなってしまうので、指先で止めておきます。三角ポリゴンの部分にはループカットを入れ、四角ポリゴンにします。

  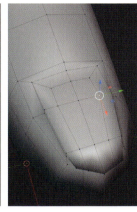 

22. サブディビジョンサーフェスをかけると右図のようになります。

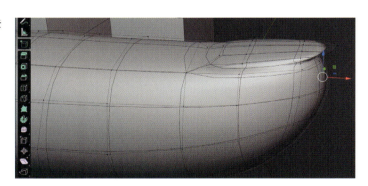

23. 爪のまわりにエッジループを1本追加します。

24. 追加したエッジを使って、爪の根元の段差を表現します。

25. 爪が全体的に少し短く感じるので、長さを調整します。

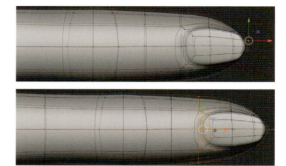

26. 人差し指の位置にあるポリゴンを削除し、作成した指を配置します。

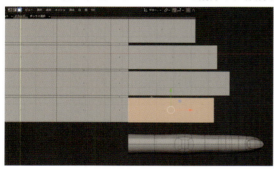
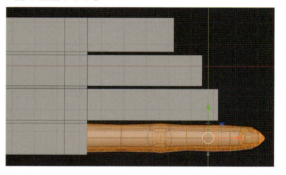

27. 人差し指を複製して、それぞれの指の位置に配置します。

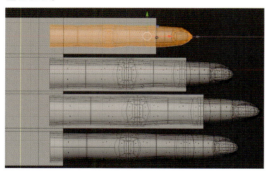

28. 中指と薬指の間を少し狭くするとリアリティのある手になります。

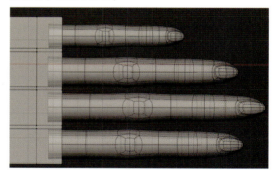

29. 前から見て、それぞれの指に高低差をつけます。また、指の角度を少しだけ内向きにします。

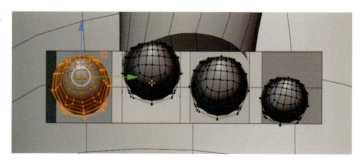

2章 身体のモデリング

30. 自分の手と見比べてください。指の付け根もそれぞれずらすと良いでしょう。

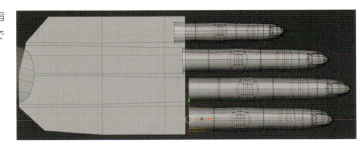

31. 指が大体できたら、手の方も丸みを付けていきます。また、指の付け根にあたる部分のポリゴンを削除します。

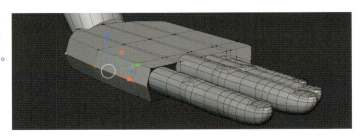

32. 腕に繋がる部分のポリゴンも削除します。

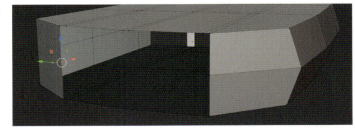

33. 手に少しずつループを追加しながら、さらに丸みを付けていきます。

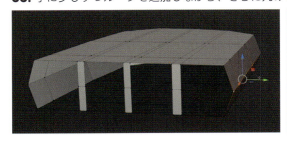
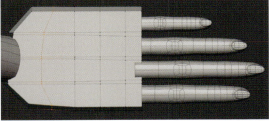

34. 水かきのための分割を少し残して、頂点を結合します。

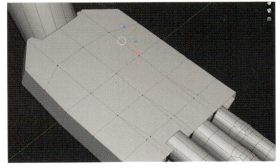

2章 身体のモデリング

35. 指の配置に合わせ、指の付け根にあたる部分の角度を調整します。

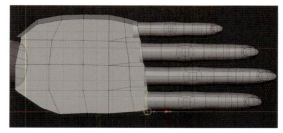
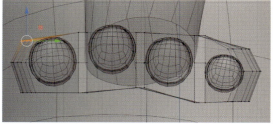

36. 指の間のポリゴンにエッジを一本追加します。また、指を接続するために、指の真ん中のエッジと同じ位置にエッジループを追加します。

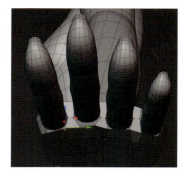
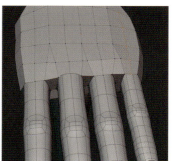

37. 指を意識した凹凸をつけ、シェーディングをスムーズシェードにします。

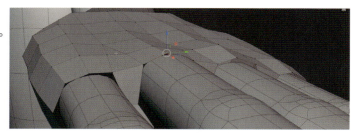

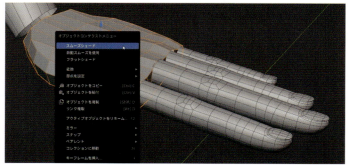

38. エッジを追加して凹凸を付け、柔らかさを表現します。自分の手を見ながら凹凸感を意識してみましょう。後々、細さや骨感を出して、女性らしい手を表現していきます。

39. 三角ポリゴンになっている箇所は、できるだけ四角形ポリゴンに直します。

40. 親指にあたるポリゴンを4つ選択し、押し出します。

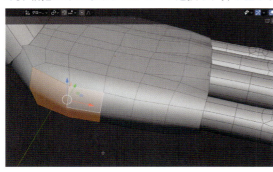
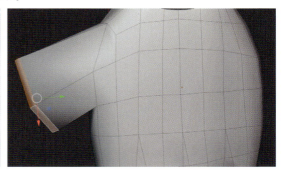

41. 親指の角度を調整して、親指の付け根にループカットを追加します。

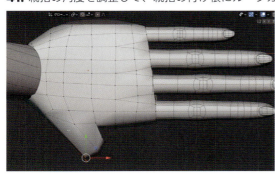
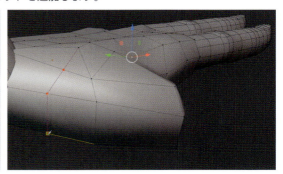

42. 肩や脚などと同様に、付け根部分ではエッジをループ選択できるようにトポロジーを調整します。

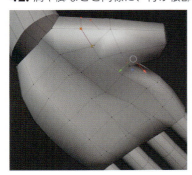
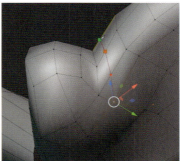
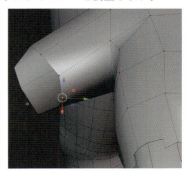

43. 指を接合できるように、指側とエッジの数を合わせます。

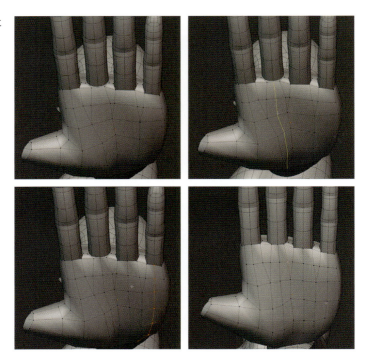

44. 指を1本複製して親指を作成し、長さやスケールを調整します。

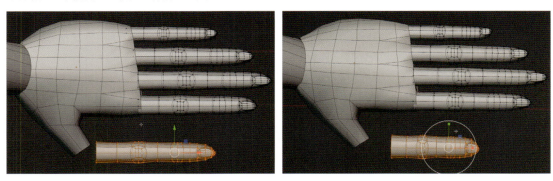

45. 親指の位置に移動させます。また、他の4本の指の長さが少し長く感じるので、長さや付け根の位置を調整します。

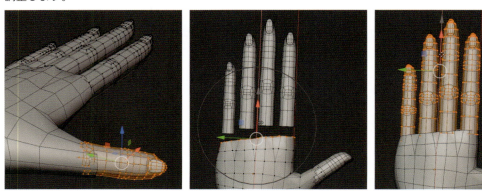

46. 指の角度を外向きに少し開きます。

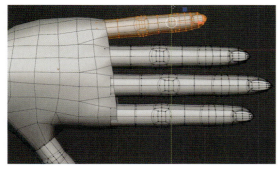 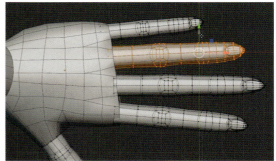

47. 中指が最も真っすぐ伸び、そこから隣の指にいくにつれ、開くように調整します。

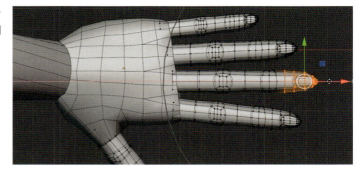

48. 指の間の水かき部分にもう1本エッジを追加、手の甲側のエッジを調整します。

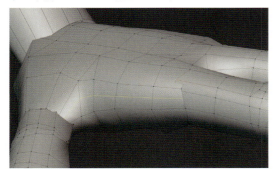

49. 手の側面にもエッジを追加、指とエッジの数を合わせます。

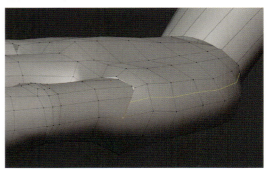

50. 手と指を接合します。

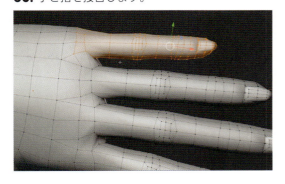

51. 水かき部分にエッジを1本追加し、調整します。

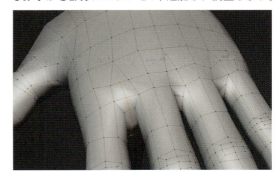

2章 身体のモデリング

52. 指の付け根の関節（MP関節）部分に凹凸を付け、造形します。

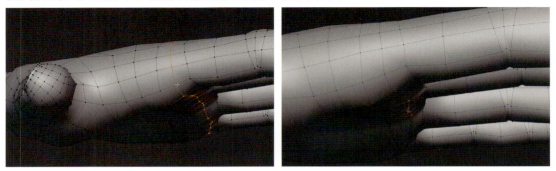

53. 指の付け根の関節にカットツールでエッジを追加、図のようなトポロジーにします。

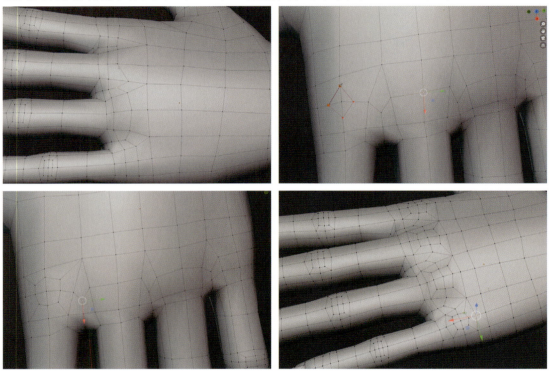

54. 親指の位置を少し下げ、角度も調整します。手を広げた際に自然なフォルムになるくらいが理想です。

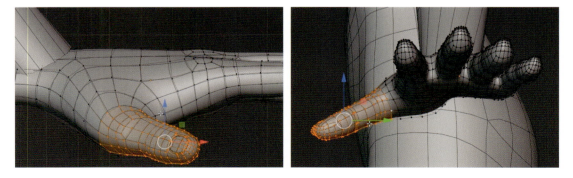

55. Aポーズに合わせて手を斜めに回転、上腕の接合部分に位置合わせします。

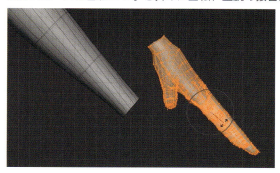 

56. 位置合わせしたことによって粗が見えてきたので、指の細さや造形を見直します。

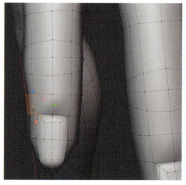 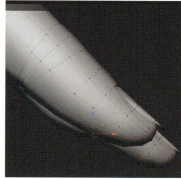 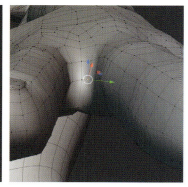

57. 手全体の形状も綺麗に調整します。

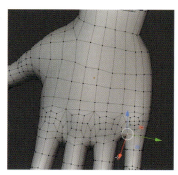 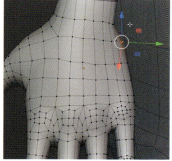

58. [プロポーショナル編集] 機能で指の厚みを少し薄くします。

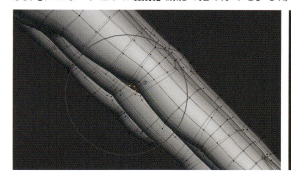 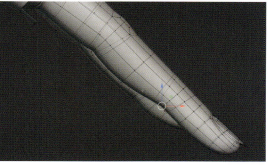

2章 身体のモデリング

59. 各指もそれぞれ修正します。隣の指で隠れて見えない場合は、一部のポリゴンを選択し、一時非表示にします（**[H] キー**。元に戻すときは **[Alt] + [H] キー**）。

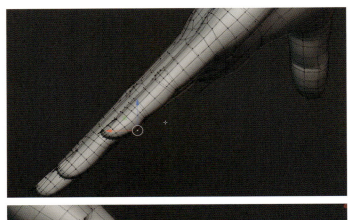

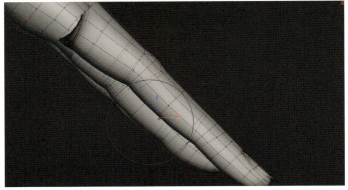

60. 三角ポリゴンの逃がし位置をずらします。

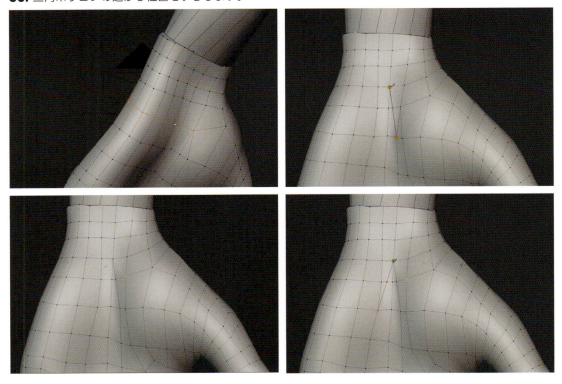

61. 図のように三角ポリゴンを回避しました。

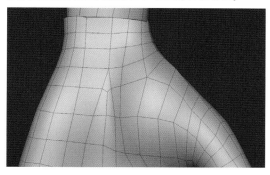

62. 手と腕を接合するため、エッジの数を揃えます。

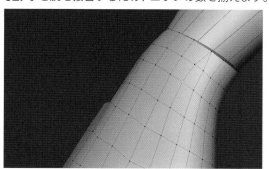

63. 手の甲側の三角ポリゴンも四角形に修正します。手と腕のエッジの本数が揃わないので、腕側にエッジを1本追加しました。

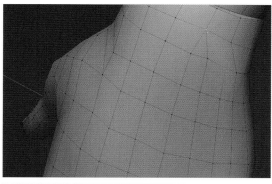

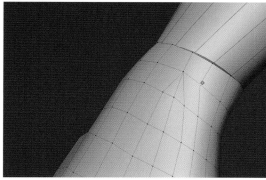

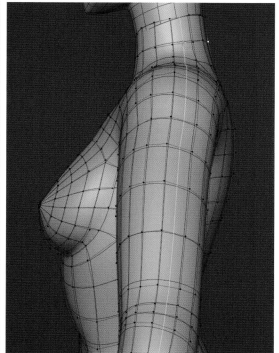

64. これで、手が作成できました。

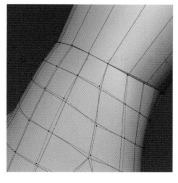
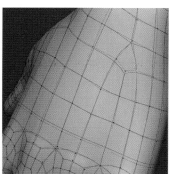

2章 身体のモデリング

Creative Hint

手と指

手のひらの造形で特に意識するべきポイントは、下図の**赤線**と**青線**です。手のひら側の肉感と骨の位置に気を付けます。

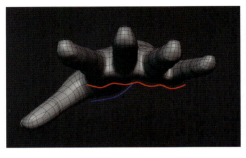
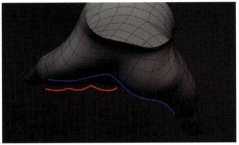

上腕は手の方向に向かって、少しずつ捻じれるようにトポロジーを意識します。ひじ関節の上部のエッジが親指の付け根にかけて捻じれるような感覚です。自分の腕を触ると分かりますが、手首には左右にポコッと少し骨が出っ張っている部分があります。ここをリアルに造形しすぎると、ラインやシルエットに影響が出てセルルックにあまり向かないので控え目に表現します。

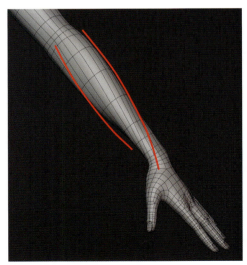
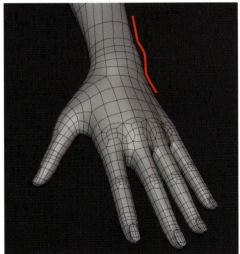

身体全体に言えることですが、セルルックでは人間の身体をリアルに再現すれば良いというわけではなく、視覚の邪魔にならない程度のシンプルさとデフォルメが必要になります。

―――――― Creative Hint ――――――

手のまとめ

手は人間の身体の中でも非常に複雑な動きが可能で、造形的にもアニメーション的にも重要な要素を担っています。

特に重要な部分として、指は指先に向かうにつれて関節が短くなっており（赤線）、指の付け根は並列ではなくカーブを描いています（青線）。

また、指の骨の始まりの位置（ボーンが入る位置）は水かき部分ではなく、右図の黄色で示した部分になります。

知識なしで進めると勘違いしてしまう要素が多く、説得力もなくなるので、手指の造形やシルエットだけでなく、内部の骨や筋肉、可動域などの知識を取り入れながら制作を進めましょう。

手のひら側は手の甲側よりも肉感を重視する必要があります。手の甲側は骨の位置や骨感を意識し、手のひら側は肉感や柔らかさを意識するイメージです。

実際に自分の指を曲げてみると、関節や手のしわに沿って、手の肉が潰れたり、めり込んだりするのが分かります。手を思い切り開いた状態よりも閉じたときの方が、肉感が増します。そういった手の動きに合わせた骨や肉の造形にも気を付けて制作しましょう。

手は、開いたパーの状態でモデリングすることが多いのですが、映像作品で扱うモデルの場合は、少し閉じたリラックスポーズでモデリングすると、開いた状態でも閉じた状態でも綺麗に見えるようになります。

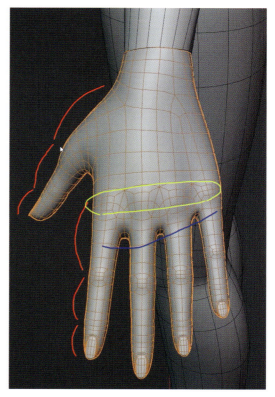

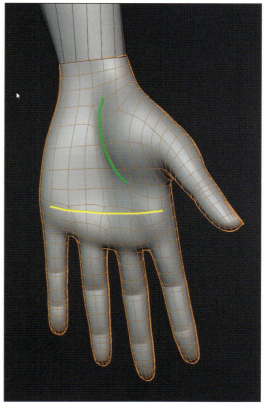

就活用のポートフォリオとかで
「手の出来を見ると大体レベルが分かる」って
さっきSNSで聞いたけど

ホント?!

それは一理あるかも

「手」は身体の部位の中でも
特に綺麗に作ろうと
努力する部位でもあるんだ

だからこそ「手」の造形は
「顔」の次に見るくらい
気にするところなんだ

ある意味「手」が上手く作れていたら
他も大丈夫だろうという安心感もあるね

そうなんだ

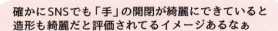

確かにSNSでも「手」の開閉が綺麗にできていると
造形も綺麗だと評価されてるイメージあるなぁ

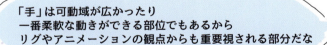

「手」は可動域が広かったり
一番柔軟な動きができる部位でもあるから
リグやアニメーションの観点からも重要視される部分だな

今回は比較的簡単な構造で作ったけど
「手」の綺麗な開閉や
綺麗なトポロジーを目指して調整を始めると

丸一日使い果たすくらいには
奥深い部分だぞ

3. 足

「足」も手と同様にボックスから作成します。基本的に同じような作り方ですが、エッジの逃がし方に気を付けないと、エッジ数が増えてしまいがちなので気を付けましょう。

1. ボックスを作成し、面選択で1回細分化します。

2. ループを追加し、足の甲の形を作ります。

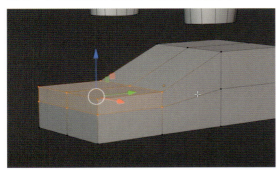
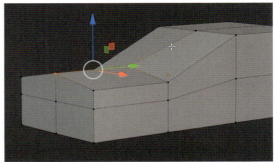

3. ループを追加して丸みを付けます。脚の接合部分となるポリゴン4面を選択して削除します。

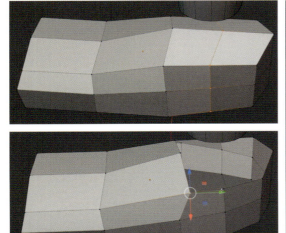
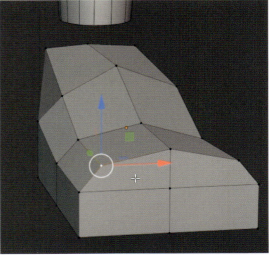

2章 身体のモデリング

4. 造形を詰めていきます。

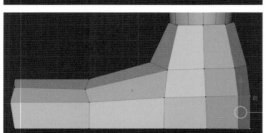

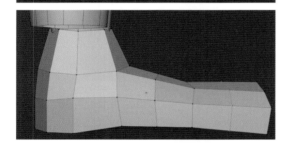

5. 縦にも分割し、スムーズシェードを適用します。

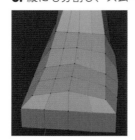

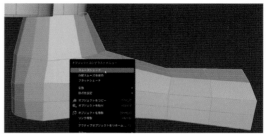

6. 指を生やすため、指の本数分のポリゴンができるようにエッジを追加します。

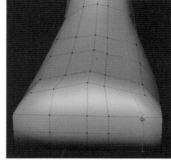

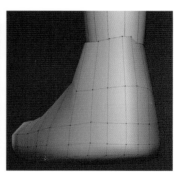

7. かかとの形を整えます。親指から小指に向けて低くなるように足の甲の造形を調整します。

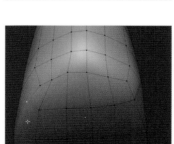

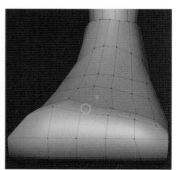

8. 親指を押し出しで作成します。手と同様に、指と指の間に隙間を作るため、ナイフツールでエッジを追加します。

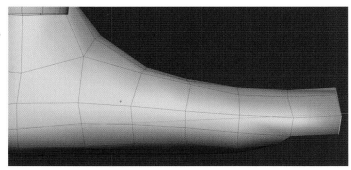

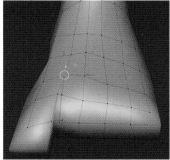
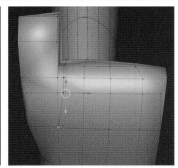

9. 他の指も同様に押し出しで作成していきます。

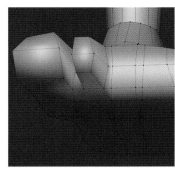
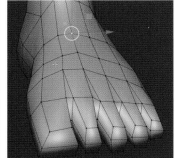

10. 外くるぶしも作成します。

11. 内側にも作成しますが、高さは異なります。

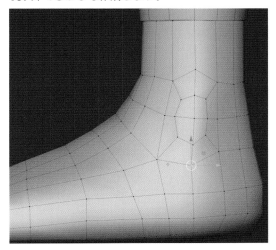
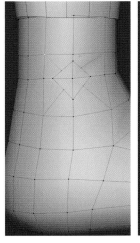
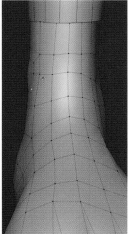

2章　身体のモデリング

12. 足首の形を調整、親指の中央にエッジを1本追加します。

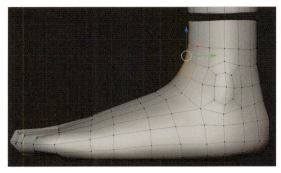
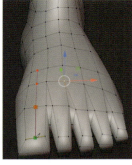
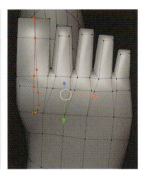

13. 親指にエッジループを追加します。手と同様に、各指の付け根の位置を調整します。

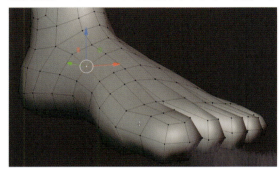
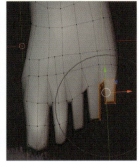
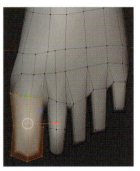

14. 他の指の中央にもエッジを1本追加、指先に丸みをつけます。

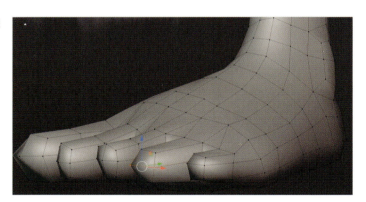

15. それぞれの指にエッジを追加します。

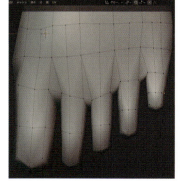
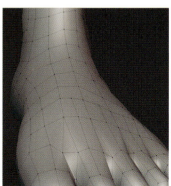

16. 親指と小指のエッジは、かかとの後ろ側に回り込むようにトポロジーを調整します。

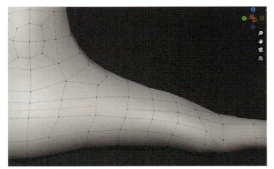
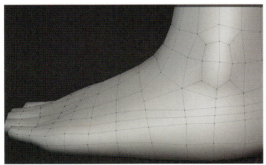

17. 親指の真ん中のエッジをループ選択すると、小指の真ん中のエッジまで1周選択できるようになっています。

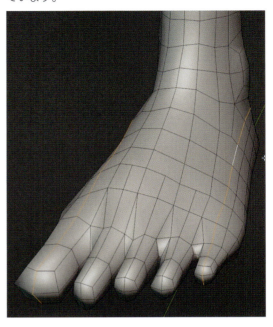

18. 親指の爪を作成し、押し出します。

19. 爪先を押し出します。

20. トポロジーを作って、整えます。

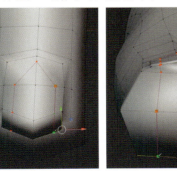
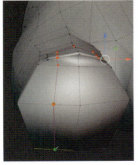
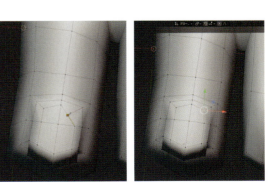

2章　身体のモデリング

21. 指の腹側で、図のようにエッジを逃がします。

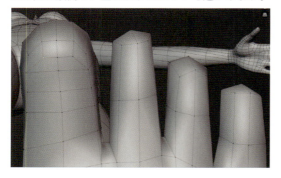

22. 指を作成しながら、バランスを整えます。

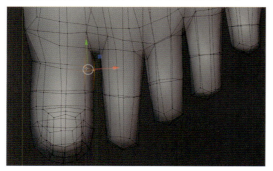

23. 指の長さを調整し、爪まわりのスケールを少し大きくします。自分の足指や女性の足の写真を見ながら、少しデフォルメするくらいが良いでしょう。

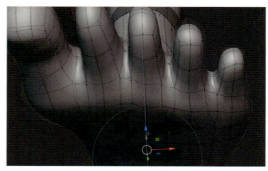

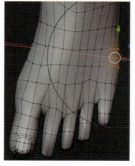 

24. 指が接地するようにし、微調整します。

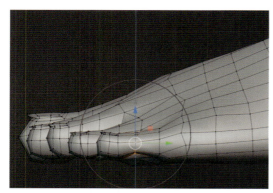

 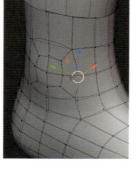

25. 正面や横から見たときに、親指に向かって、山なりになるように意識して造形します。

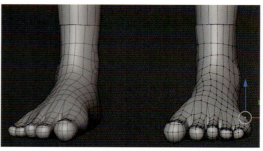

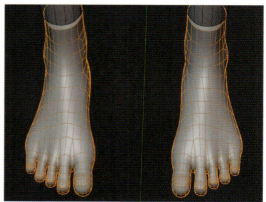

足のまとめ

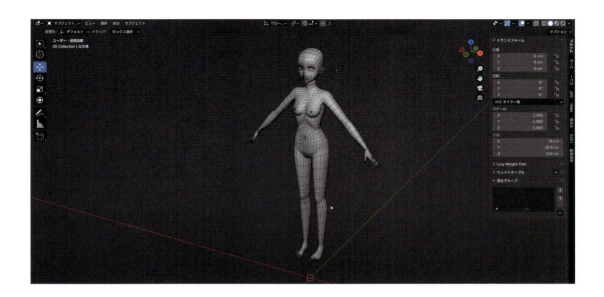

手を綺麗にモデリングできれば、足のモデリングも同じ要領で作成できることでしょう。

脚の造形で大切な点は、正面から見た際に親指側が盛り上がり、小指側に行くにつれてなだらかになる（盛り上がりが小さくなる）ことです（**青線**）。また、くるぶし部分の骨の位置は左右で異なり、内側の方が少し上にあります（**赤線**）。

足指は同じ向きに付いているので、手よりも比較的シンプルなトポロジーで作成できますが、その分、単調な造形になりやすいので、いろいろな方向から見た凹凸感を意識して、制作する必要があります。

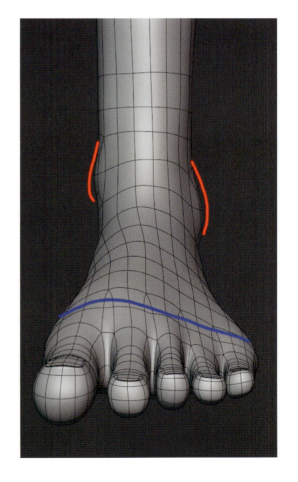

4. ブラッシュアップ

1. お腹と肋骨の間のポリゴンにエッジを1本追加します。

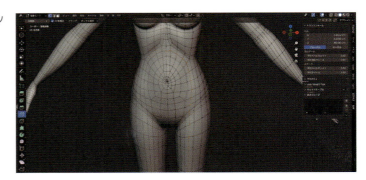

2.［Set Flow］などでエッジの間隔や形状を調整します。

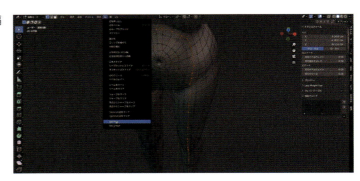

3. お腹まわりの造形を調整します。また、ふくらはぎ側にもエッジを1本追加します。

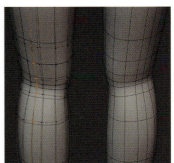

4. 背中の真ん中にエッジを1本追加、背骨を軽く表現します。

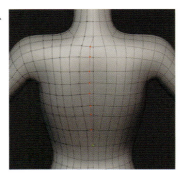
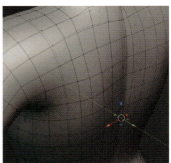

5.「鎖骨」を作っていきます。

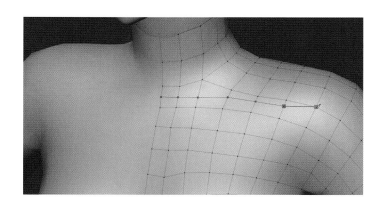

6. ナイフツールで新しくエッジを追加、凹みを付けます。

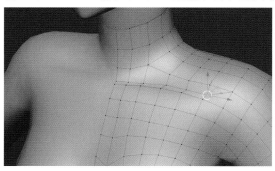
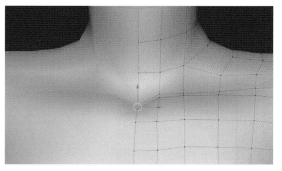

7. ナイフツールで図のようにカットします。

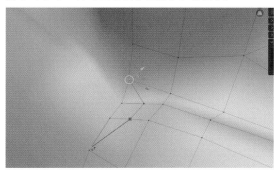
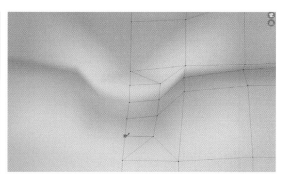

8. トポロジーを調整します。

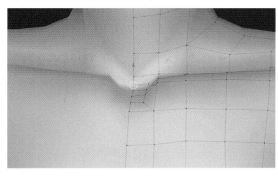
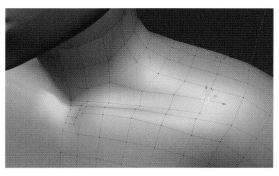

2章 身体のモデリング

9.「骨の凹凸」を首下から肩に流れるように作りたいので、トポロジーをさらに調整します。

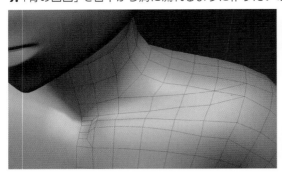
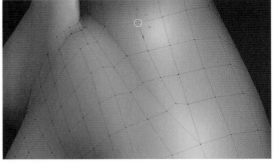

10. 三角ポリゴンが集まった部分のエッジを何本か削除し、トポロジーを考え直します。

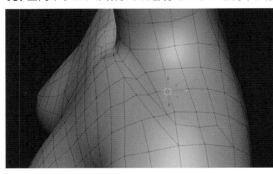
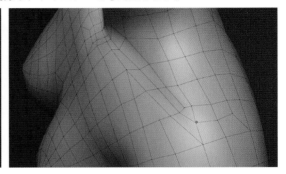

11. 胸の方まで流し、真ん中あたりの頂点と連結します。

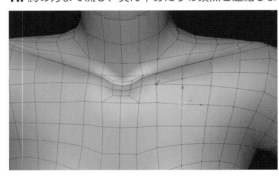
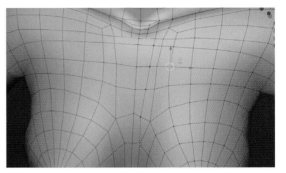

12. 三角ポリゴンを四角ポリゴンに処理します。

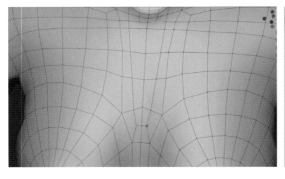
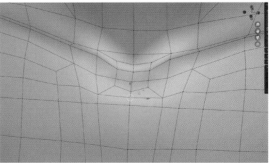

13. 最終的なトポロジーです。鎖骨を作ったことで、身体の造形の説得力が増しました。

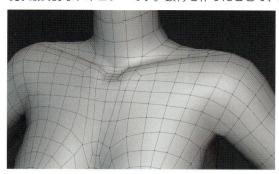
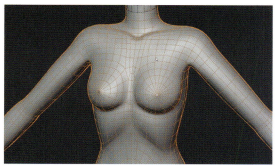

14. 鎖骨の位置、首まわり、脚の付け根の位置を調整します。

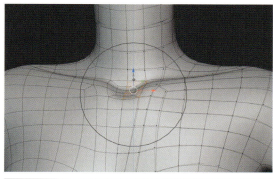
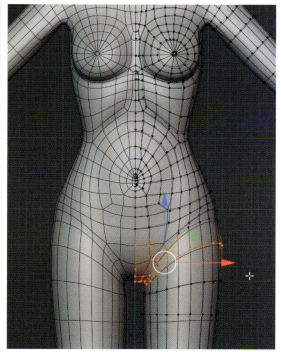
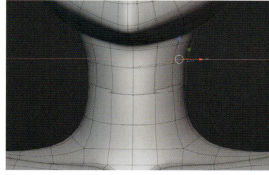

15. 股部分の面が少ないので、分割して下の方に伸ばし、お尻側に持っていきます。

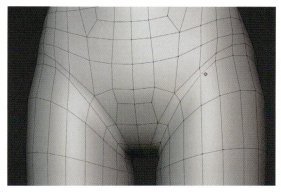

2章 身体のモデリング

16. エッジが密集してしまったので、腰の手前で止め、エッジ同士の間隔を広く調整します。

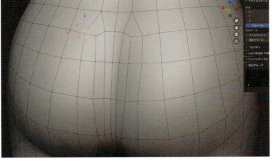

17. 太ももに肉感を足すため、ループエッジをいくつか追加して調整します。

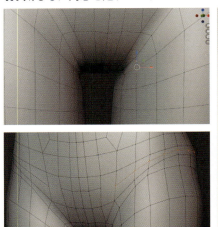
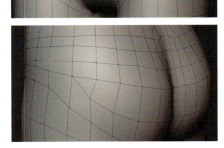

18. サブディビジョンをかけた際に下着の造形が歪んでしまったので、下着の境界のエッジを選択してクリースをかけます。

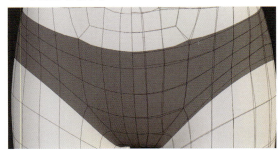
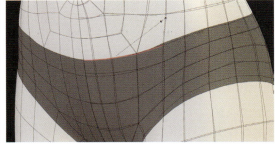

19. 背骨周辺のトポロジーを修正します。

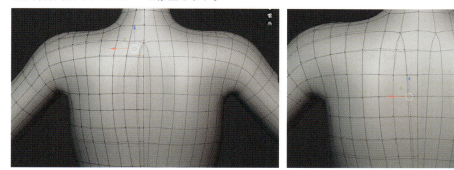

20. 手と腕のオブジェクトを結合し、離れている頂点を連結します。

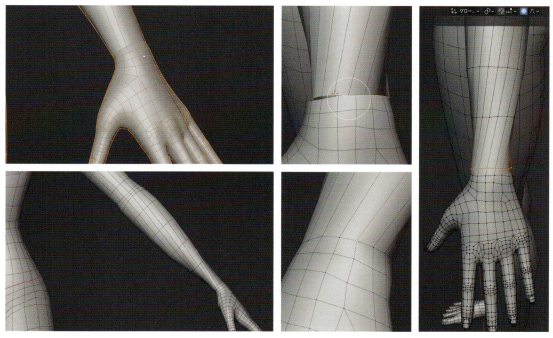

21. 上半身のトポロジーです。前腕は手に向かうに連れ、少しずつ捻じれています。

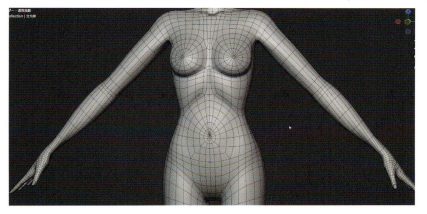

22. 足も同様にオブジェクトを結合し、離れた頂点を連結します。

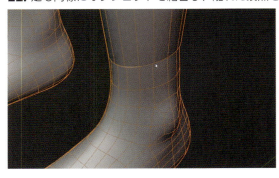

23. 足首まわりやふくらはぎにエッジを追加、エッジ同士の間隔が均一になるように調整します。

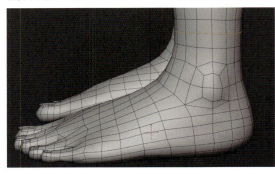
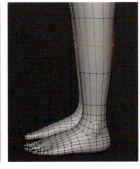

24. 太もものエッジの角度と形状を調整します。

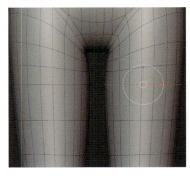
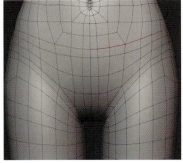
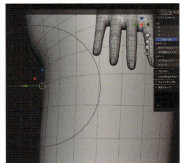

25. 上腕との境目に少し段差をつけるため、手の位置を調整します。

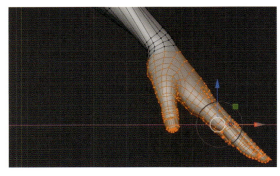
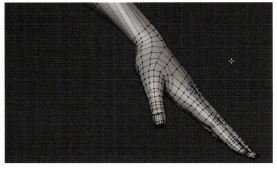

26. 上腕のエッジを追加しつつ、形状を調整します。上腕を上側から見て、手首の骨感が出るようにするのがポイントです。

27. 上腕を下側から見て、手の平の肉感が感じられると良いでしょう。

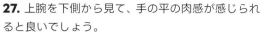

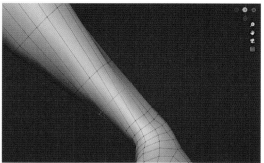

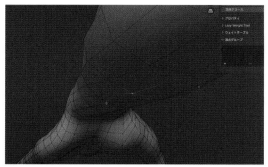

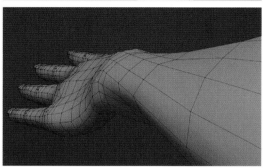

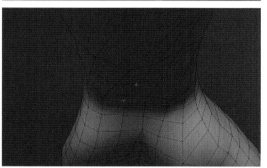

28. 足も調整しましょう。指の関節部分にループエッジを追加します。

29. 足の指の付け根にあたる部分にエッジ1本追加します。

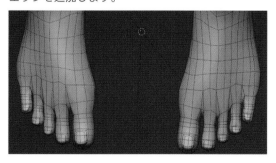

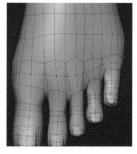

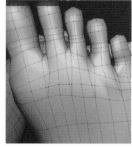

30. 最終的な足の形状、トポロジーです。

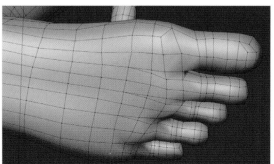

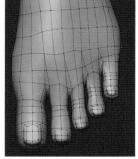

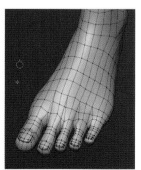

Creative Hint

ブラッシュアップ

鎖骨の造形は、**赤線**の形を意識します。綺麗にラインが出るように、首下から肩にかけてトポロジーを調整する必要があります。ただ、あまり掘り込みすぎると汚い影ができてしまい、シェーディングに影響するので注意しましょう。お腹まわりは斜めから見た際に腰骨が少し出るように意識します。また、へそまわりは少し出るように造形し、逆にへそと腰骨の間には少しへこみができるように意識します。

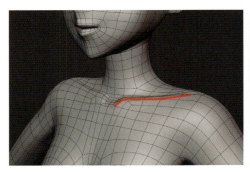
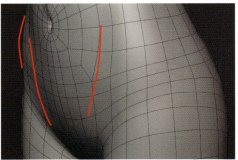

脚の造形では、太ももの肉感と脚の付け根の位置を意識します。膝の骨は内側の方が出ていてカーブが強く、外側は比較的になめらかなシルエットになっています。今回、膝まわりとひじまわりはかなりシンプルなトポロジーで制作していますが、モデリングの過程でボーンを入れ、関節を曲げながらトポロジーを考えると綺麗な形になるでしょう。

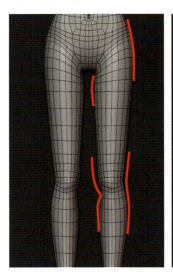
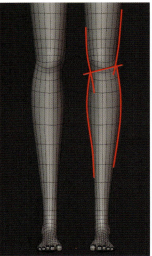
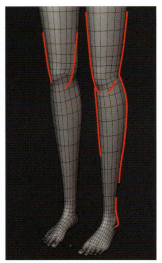

Creative Hint

今回は下着と身体のメッシュが同一で
トポロジーも下着に合わせて調整したけど
これって特殊な作り方なのかな

そうだね
「素体」という意味では
特殊なタイプだと思う

本来の下着を着けていない「素体」を作る場合は
下着のトポロジーを考慮せずに
腰まわりの造形や可動を意識して作るからね

下着はテクスチャで作成する場合も多いし
今回は下着や腰まわりがスカートなどで
見えない前提で造形しているよ

「足の甲」や「指先」も最終的には見えないよね

**裸足のキャラクター作ることって珍しいから
足の造形って経験する機会少なそうだね**

そうそう

水着やサンダルを履いたキャラクターでないと
裸足を作る機会は少ないかもしれない

でも実際の靴も
足の形を元に作られているし
靴を作るときも中に入っている足が
どうなっているかを想像しながら
作ることで説得力が増すんだ

普段から
自分の素足を観察するのと

靴を履いたときの脚の状態を
観察すると良いんだね

2章 身体のモデリング

CHAPTER 03 Material

3章
マテリアル

1. マテリアルの設定

トゥーンシェーダーを作りましょう。代表的なものに「カラーランプ」を使って作成する方法がありますが、それらの丁寧な解説はネットなどにあるので調べてみてください。個人レベルの制作では方法の良し悪しよりも、表現したいシェーディングによって使い分けることが大切です。

ノードベースのマテリアル作成では、一つひとつのノードがどのように計算され、どのような結果をもたらすかを理解する必要があります。まずノードを繋げてマテリアルを作成することで感覚を学び、後々ノードを入れ替えたり、オリジナルの要素を足したりしてノードそれぞれの挙動を学んでいくと良いでしょう。アドオンの **NodePreview** を入れておけば、ノードを繋いだ際の途中結果で起きていることを画像で判断できるので、ノードベースのマテリアル作成の学習にも活用できます（P.376を参照）。

1. シェーダーノードエディタを開き、マテリアルを新規作成、既にあるマテリアル出力以外のノードを削除します。

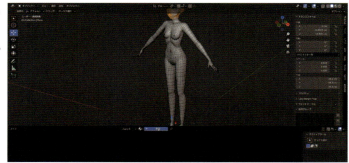

2. ディフューズBSDF、シェーダーのRGB化、数式 [大きい]、RGBミックス、放射ノードを作成していきます。

3. 作成したノードを図のように繋げます。

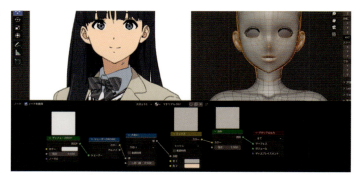

4. デザイン画からスポイトで色を取って、顔に色を付けましょう。Faceマテリアルを作成し、顔オブジェクトに適用にします。

5. Bodyマテリアルを作成し、顔と同じように身体オブジェクトに適用します。基本的にすべての部位で使うマテリアルは同じなので、顔用に作ったマテリアルを複製して色を変えると効率的です。

6. 下着のマテリアルも作成、適用しました。

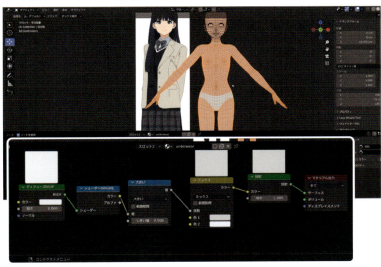

7. まつ毛のマテリアルも作成しました。まつ毛の色はデザイン画から拾うと暗すぎる場合があるので、少し明るめに調整します。

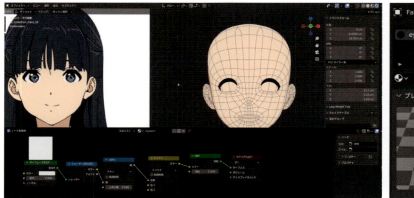

8. ライトの種類を**[サン]**に設定し、ライトの位置と向きを調整します。

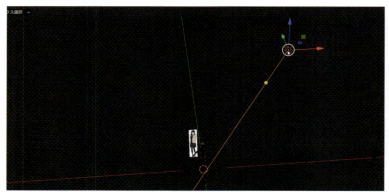

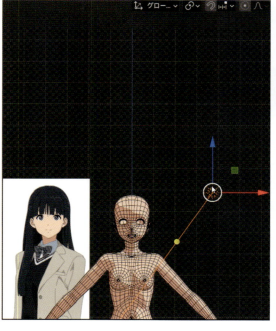
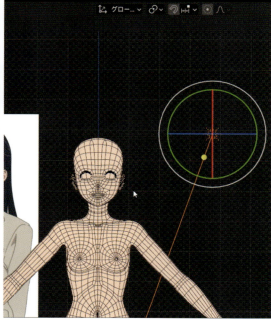

9. 作成済みのすべてのオブジェクトにマテリアルを適用した図。

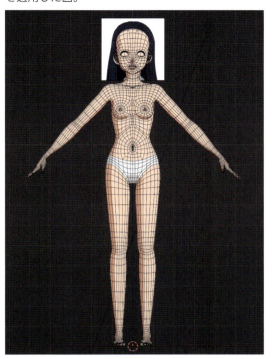

10. 編集モードで白目部分を作成します。目のまわりのエッジをループ選択してポリゴンを伸ばし、中心で頂点をマージします。

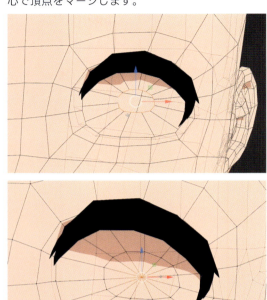

11. 白目部分のループをある程度均等に分割します。丸まり防止のため、白目の始まり部分にも1本追加します（クリースを設定しても可）。

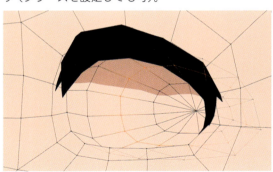

12. 白目のマテリアルを作成し、白目部分に適用します。このマテリアルは色1と色2に同じ真っ白な色を指定し、影ができないようにします。

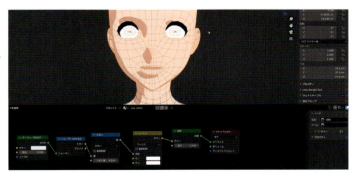

3章 マテリアル

13. ライトの向きを真っすぐにします。

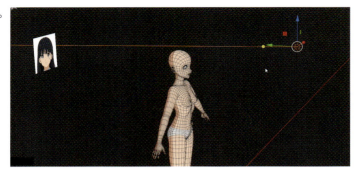

14. FaceとBodyのマテリアルの数値で**[大きい]**ノードのしきい値を0.5から**0.2**に変更しました。ここで、光が当たったときの色1と色2の割合をある程度コントロールできます。

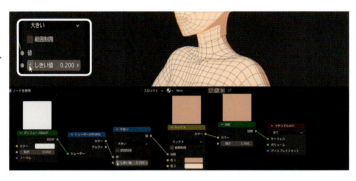

15. 眼球として、[追加]から**[UV球]**を作成します。今回は球体を使って目を表現します。眼球表現にはさまざまな方法があるので、お好みの方法で作成しても良いでしょう。

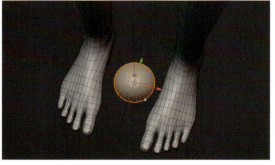

16. UV球を目の位置に移動し、まぶたからはみ出ないくらいにスケールを調整します。頂点が集まっている部分を目の中心とし、真っすぐ前を見るように角度を調整します。

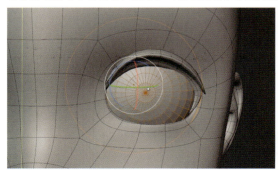
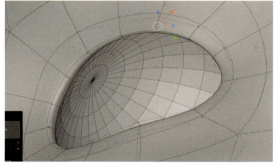

17. 目の作成に合わせて、まつ毛の形状を少し調整します。

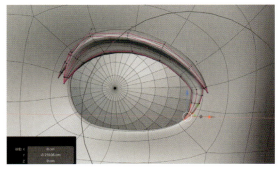
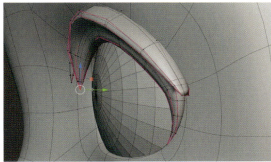

18. まつ毛の先端部分に少しカーブを付けます。

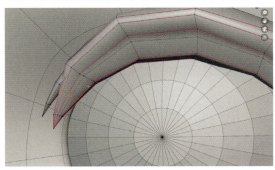
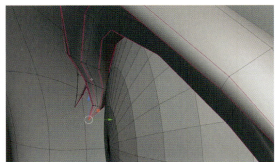

19. 目のUV展開を行うため、右図のようにエッジをループ選択、**[シームをマーク]** を実行します。

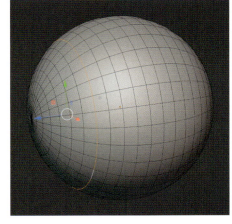
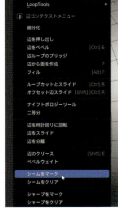

20. シームをマークすると、マークしたエッジがオレンジ色でハイライトされます。

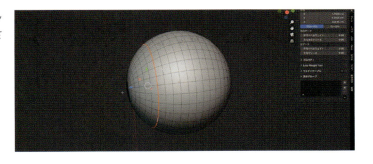

3章 マテリアル　　111

21. 上部のタブから**[UV編集]**を選択、UV編集画面を開きます。

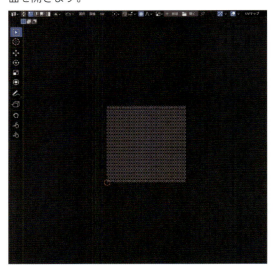

22. メッシュを全選択し、UVコンテクストメニューから**[展開]**を押します。

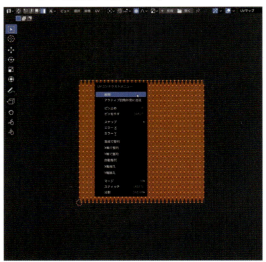

23. 上のように展開されるので、下のように配置します。

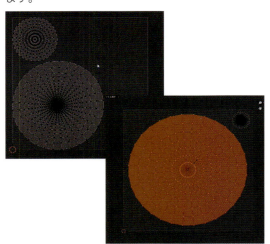

24. 目の前側のテクスチャを描画する範囲を大きく、後ろ側の真っ白な部分のUVを小さく端に配置しています。

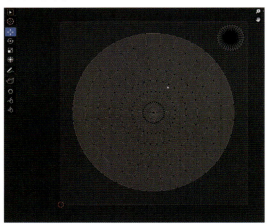

25. 右側のメッシュのポリゴンの一部を選択すると、左側に選択したポリゴンのUVの位置が表示されます。このままだと上下が逆さまになっているので、UVを回転して修正します。

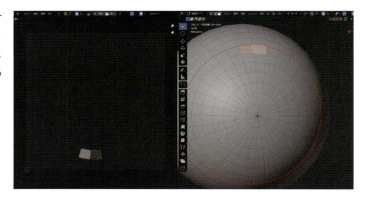

26. 図のように、UVの位置とポリゴンの位置がおおよそ合っていれば良いです。

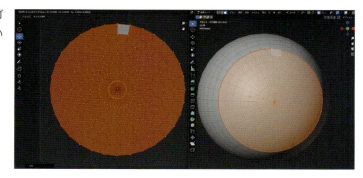

27. 上部の [UV] タブを選択し、**[UV配置をエクスポート]** からUV画像を書き出します。

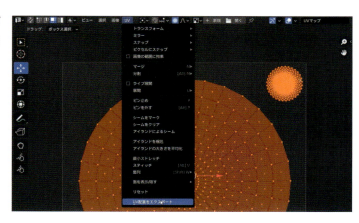

28. サイズを **4096 × 4096** に設定、[フィルの透明度] を **0** に設定、書き出し先のフォルダを指定して、PNGで書き出します。

29. PhotoshopにUV画像を読み込み、デザイン画から目の範囲を切り抜いて同じキャンバスに配置します。

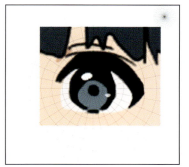

30. 切り抜いたデザイン画を元に、パスツールを使って描画していきます。

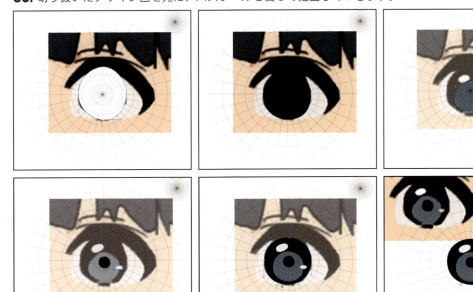

31. 目に描画されている要素は、正面デザインだけではなく、表情集のデザインも参考にして描きます。

32. 目のテクスチャを眼球マテリアルの色1色2ノードに差し、モデル上での見た目を一度確認します。少し丸すぎる印象があるので、縦の細長い形に修正します。

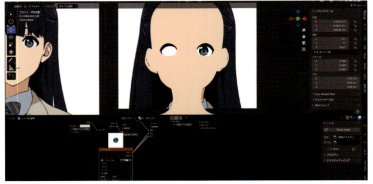

33. 目のオブジェクトを反転コピーして、マテリアルも複製します。

34. 右目はテクスチャを複製し、[水平方向に反転] して書き出します。**左右反転する際にハイライトだけは反転しないように注意します。**

35. ハイライト以外の要素を左右反転したテクスチャが右の図です。左右反転してそのまま使うと、完全な中心から反転されず、左右に若干ズレる場合があるので、反転後に位置を少し調整します。

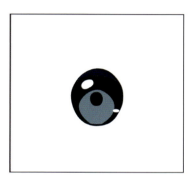

36. 右目にテクスチャを貼り付けると、オブジェクトを反転コピーしたことにより、UVも反転された状態になっています。UVを反転して元に戻します。

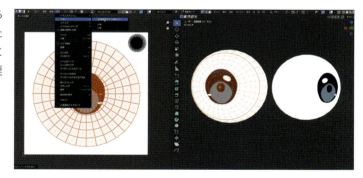

37. これで、目のテクスチャが完成しました。ただし、現段階はまだ仮の状態です。目の作成は（P.288）へと続きます。

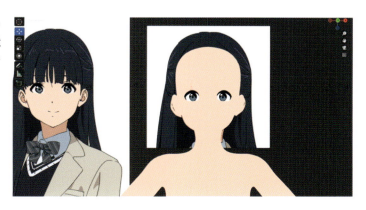

2. 360度チェック用カメラの設定

素体がある程度完成し、本格的にキャラクターを制作する準備が整ったので、360度チェックできる専用のカメラを作成しましょう。正面からはもちろん、どの方向からでも可愛く見えるようにするには、パースビューでぐるぐる見回すだけでなく、「実際のカメラに映った視点」からも確認しながら造形することが大切です。

1. [追加] タブから [カメラ] を新規作成します。作成したカメラをキャラクターの正面に設置します。

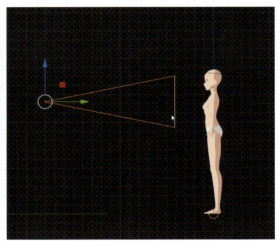

2. カーソルを画面端に持って行くとカーソルの表示が十字に変わるので、ドラッグして作業画面を1つ増やします。

3. ビューポートが2つになりました。左側の画面をカメラ確認用のビューポートにします。

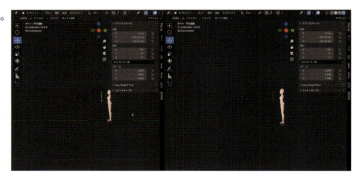

4. 左側ビューポートをカメラ表示にし、カメラビューを確認しながらカメラの位置を調整します。**[解像度]** を1500 × 1500や1760 × 1760など**正方形サイズ**にし、**[フレームレート]** を **24 FPS** に設定します。

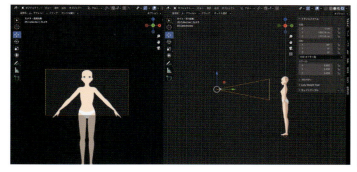 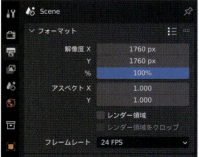

5. 全身が収まるようにカメラの位置を調整します。全身をカメラに収める場合は、カメラを少し見下ろす角度にすると良いでしょう。

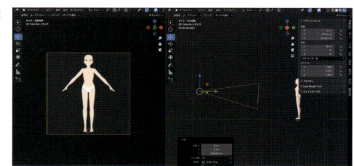

6. カメラの回転を制御するコントローラーを作成します。[追加]から十字のエンプティを作成します。

7. 作成したエンプティの名前をcamera_root等に設定し、カメラとエンプティをペアレントします。カメラがエンプティの子になるよう接続します。

3章　マテリアル

8. エンプティを回転すると、エンプティを中心にカメラが回転するようになりました。

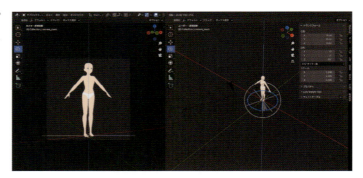

9. タイムラインを開きます。

10. エンプティを選択し、1フレーム目にキーフレームを挿入します。エンプティを選択して右クリックすると、メニュー画面が出ます。

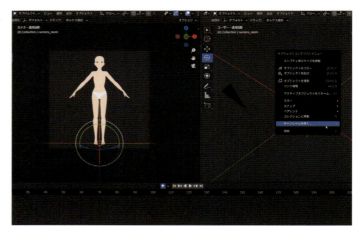

11. エンプティのキーフレームは、**[回転]** にのみ打てば良いでしょう。右のように、打ったフレームの位置には「ひし形」が表示されます。

12. **[移動キー挿入モード]** をオンにします。キーフレームを **25フレーム目** に移動し、エンプティを **360度回転させます**。[Ctrl] キーを押しながら回転させると、一定の角度毎に回転できます。右上のトランスフォームタブの回転に、数値入力で **360** と入力しても良いでしょう。

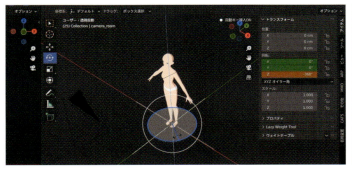

13. 作成したキーフレームの2点を選択、右クリックでメニューを開き、[補間モード] を **[リニア]** にします。

14. 7フレームで右側真横、13フレームで真後ろ、19フレームで左側真横をチェックできるようになっています。もう少し細かい角度で確認したいなら、360度回転し終わるフレームの数を増やすと良いでしょう。

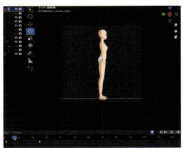
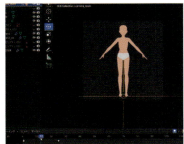
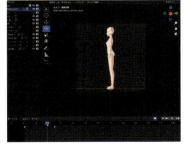

15. **カメラ** を選択して、**25フレームの位置・回転・スケール** にキーを打ちます。

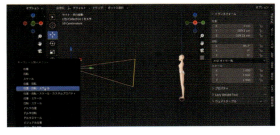

3章 マテリアル

16. 26フレームに移動し、カメラをキャラクターに近づけてバストアップが映るようにしてキーを打ちます。

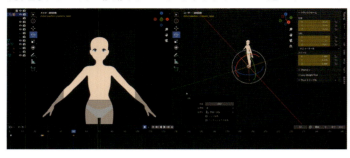

17. 再度エンプティを選択、50フレームで、さらに360度回転するようにエンプティを回転させ、キーを打ちます。これで、1フレームから50フレームまでで、720度回転していることになります。

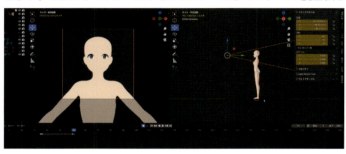

18. カメラを選択し、**25フレーム**に作成したキーフレームを**50フレームにコピー&ペースト**します。さらに、**51フレーム**に新しくキーを打ちます。カメラを顔のアップにしてキーを打ちましょう。

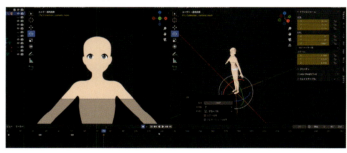

19. エンプティを選択して**75フレーム**に、さらに360度回転するようにエンプティを回転させます。エンプティのキーフレームは図のようになります。24フレーム毎に360度回転しています。

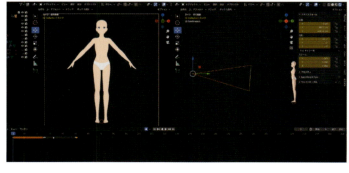

20. カメラを選択し、25フレームにあるキーを1フレームにコピー&ペーストします。

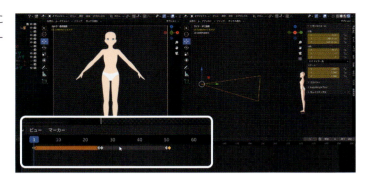

21. カメラ側のキーフレームは、図のようになっています。

- 1～25フレーム：全身
- 25～50フレーム：バストアップ
- 51フレーム：顔アップ

22. カメラが顔に寄るにつれて、焦点距離を変更しても良いでしょう。今回は50フレームまでは［焦点距離］を **80mm** に設定し、顔アップの51フレームからは **100mm** に設定しています。

23. 顔アップのフレームの次に俯瞰用のフレームも追加しました。76フレームから100フレームまでは俯瞰用のチェックカメラになります。

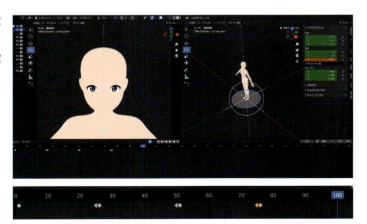

3章 マテリアル　　121

24. ライトを簡単に制御できるように、ライトのターゲットを作成します。新規の十字エンプティを作成、名前を**light_target**に変更します。

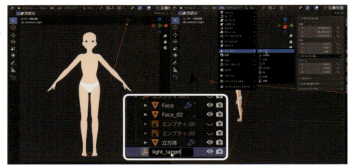

25. 作成したエンプティを一旦首辺りに移動します。

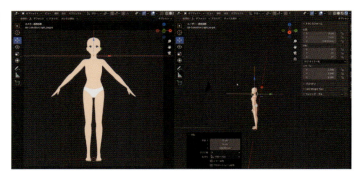

26. ライトを選択、オブジェクトコンストレイントの**[トラック]**を追加します。

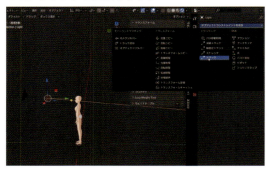

27. ターゲットに先ほど作成したエンプティ（light_target）を指定します。

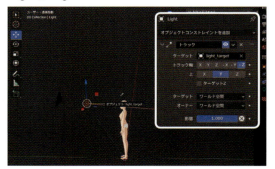

28. エンプティを動かすと、ライトの角度が変わり、エンプティの方を向くようになりました。

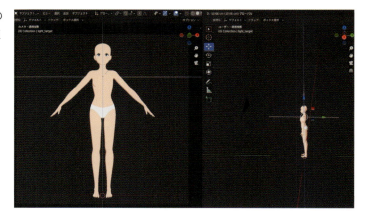

29. ライトを選択、カメラ用に作成したエンプティ（**camera_root**）にペアレントし、ライトを**camera_rootの子**にします。この設定により、チェック用のカメラが回転すると、ライトも一緒に回転するようになります。キーフレームを動かして、どの方向から見てもカメラ方向からライトが当たっていることを確認しましょう。

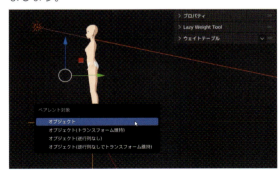 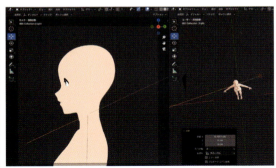

「モデルを360度確認できるチェックカメラ」を作成して欲しいんだ

キャラクターモデリングを行うときは絶対に

ビューカメラだけでモデリングを進めるよりも断然説得力が増すからな

「カメラの焦点距離をどうしているか」って度々話題になっていると思うんだけどどうやって決めれば良いのかな？

使用用途で少し変わるね

通常は焦点距離80〜120mmくらいでモデリングすることが多いかな
VR作品に使うときは50mmとか60mmとかもっと下げる場合があるよ

焦点距離を下げるとより広角になってパースがキツくなり上げると望遠になるイメージだね

アニメ作品や映像作品なんかはカット毎にメッシュを変形させてパース感を消したり違和感をなくすことは当たり前に行うから最初から望遠気味で作ることが多い気がする

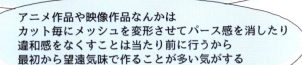
じゃあ逆にリアルタイムのゲーム作品などは寄りでも遠景でも耐えられるように中間くらいや広角気味で作るイメージだね

そうだね

でも望遠で撮ると綺麗に見えることが多いからポートフォリオ用の一枚絵とかターンテーブルなんかは望遠で作成しても良いかも

3章 マテリアル

3. Pencil+4ラインの設定

Pencil+4 for Blenderは、PSOFT社よりリリースされているBlender用アドオンです。同社のPencil+マテリアルは既に3ds MaxやMayaなどに導入されており、アニメ業界では業界標準ツールとしてさまざまな作品に使われています。

特に3ds Maxでは重宝されており、アニメCG制作では欠かせないツールになっています。そんなPencil+マテリアルがBlenderにもやって来たということで、PSOFT社の設定チュートリアルを参考にしながら、ラインの設定を行いましょう。

1. エディター一覧から**[Pencil+4ライン]**を選択します。

2. エディターの右側にPencil+4ラインタブがあるので、ラインリストの**[追加]ボタン**を押して、新規ライン設定を追加します。

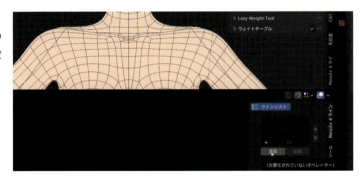

3. ラインノードが作成されました。

4. ラインセット一覧の下部にある**[追加]ボタン**を押します。

5. 新しいラインセットとノードが追加されます。

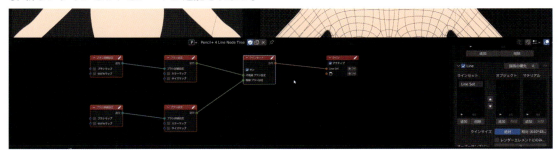

6. マテリアル一覧の下部にある**[追加]ボタン**を押し、faceとbodyのマテリアルにチェックを入れてOKを押します。マテリアル一覧にfaceとbodyが追加されました。

7. チェック用カメラのビューポートのPencil+4ラインタブで、**[ビューポートレンダリング]**をオンにすると、モデルにアウトラインが表示されます。

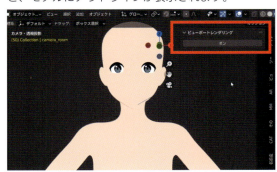 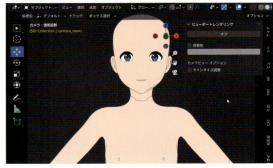

8. Pencil+ラインの設定タブ（赤枠）をスクロールすると、アウトラインの検出項目について設定するタブ（白枠）があります。各項目のチェックをオンオフすることで、さまざまなライン表現が可能になります。

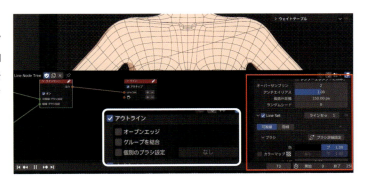

3章 マテリアル　　125

9. faceマテリアルとbodyマテリアルが入ったラインセット1の設定として、**[交差]** のチェックを外します。これで、オブジェクトの境目である首辺りのラインが検出されなくなります。

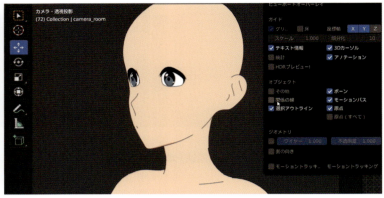

10. ラインリストタブの右にある **Brush Detail** タブを開きます。

11. ストロークサイズ減衰をオンにします。図のように初期設定よりカーブを緩やかにします。

12. **[サイズマップ]** と **[Texture Map] をオン** にして、ソース種別を**オブジェクトカラー**にします。

13. アウトラインを確認すると、すべてのアウトラインが消えています。

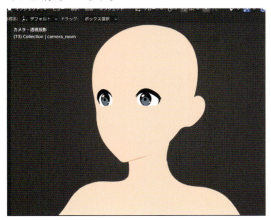

14. 頭部のオブジェクトを選択した状態で右側の**[オブジェクトデータプロパティ]**タブを開き、カラー属性を新規で追加、カラーは白で作成します。

15. 頭にだけアウトラインが描画されるようになりました。

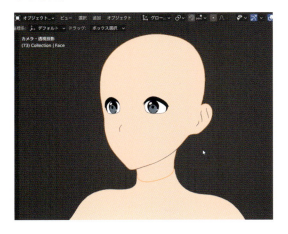

16. 身体のオブジェクトも同じようにカラー属性を追加します。

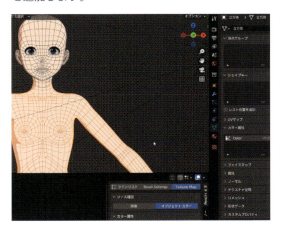

17. 身体にもアウトラインが描画されるようになりました。

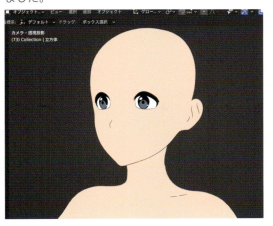

18. 顔オブジェクトを選択し、頂点ペイントモードにします。

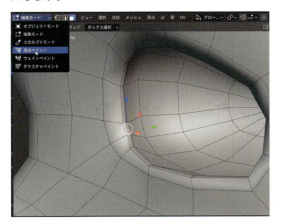

3章 マテリアル

19. 黒色で目のまわりのポリゴンを塗っていきます。　**20.** 目のまわりのポリゴンを黒く塗りつぶします。

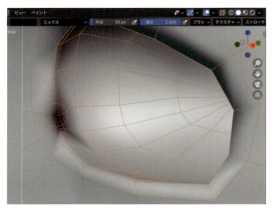
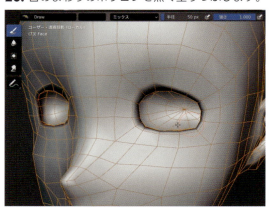

21. 目のまわりのアウトラインが描画されなくなりました。このように頂点カラーを設定することで、アウトラインが出る場所や太さを頂点レベルで調整できるようになります。また、テクスチャでマスクを作成して制御することも可能です。

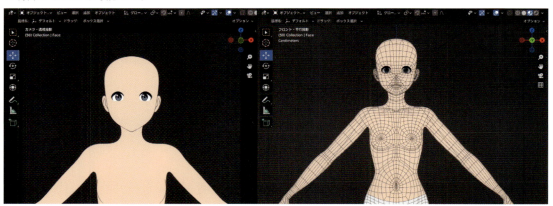

22. 今の状態ではビューポート上にしかラインが描画されないため、レンダリング画像にも描画されるように設定します。[コンポジター] ノードエディタを開きます。

23. 左上の**[ノードを使用]**にチェックを入れます。[レンダーレイヤー]と[コンポジット]ノードが作成されます。

24. [アルファオーバー]ノードを追加します。

25. レンダーレイヤーとコンポジットノードの間にアルファオーバーをアサインしたら、次は**[Pencil+4] > [ViewLayer]**ノードを追加し、アルファオーバーのもう片方に接続します。

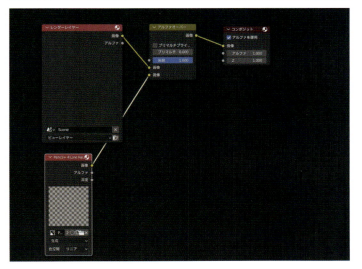

3章 マテリアル 129

26. [F 12] キーを押してレンダリングすると、レンダリング画像にアウトラインが描画されているのが確認できます。

27. レンダリング画像に最初に作成したキューブやエンプティが表示されてしまう場合は、アウトライナのカメラマークをオフにしましょう。これで、レンダリングされなくなります。

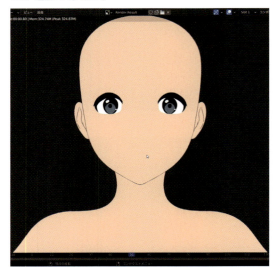

Blenderには
Line-Artやfreestyleなどの
ライン描画機能があるけど
なぜPencil+4を使うのかな？

Pencil+4は
ずっと業界標準で使われている
ライン描画プラグインなんだ

元々は3ds Max用だったんだけど
Maya版やUnity版が出て
2023年に待望のBlender版が出た感じだね

3ds MaxであってもMayaであっても
現在の3DCGアニメーションのほとんどの作品では
ライン描画にPencil+4が使われているから
その仕様や流れに合わせて今回はPencil+4を使うよ

Pencil+を使用した解説書も少ないからね

じゃあ 今まで仕事でPencil+を使っていた人も
移行しやすくなっているんだね

そう言えばPSOFTの公式YouTubeにも
解説動画が沢山あったな…

130　　　3章　マテリアル

4. 頭部のブラッシュアップ

頭部のブラッシュアップに進む準備ができたので、デザイン画に寄せるための詳細なモデリングを行います。素体を用意し、目のテクスチャを作成し、チェック用カメラを作成して、初めてキャラクターに寄せた詳細なモデリングに進めるのです。

1. 口内のメッシュを作成します。口のまわりのエッジをループ選択、口内の方にポリゴンを伸ばします。

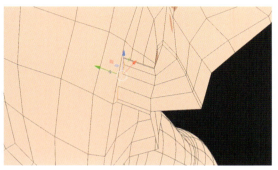

2. 引き続き、ポリゴンを伸ばして、頂点を調整します。

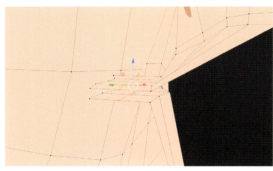
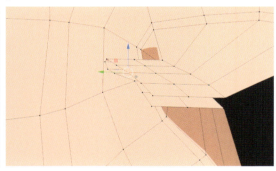

3. サブディビジョンサーフェスをかけた際に、唇の隙間から口内が見えないように、唇のポリゴンを少しオーバーに閉じておくと良いでしょう。

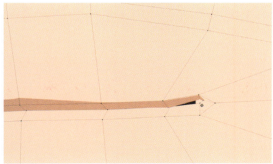

4. さらにポリゴンを伸ばします。

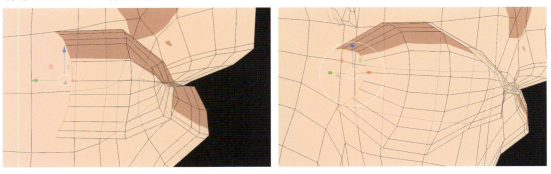

5. ある程度伸ばしたら、上下のポリゴン繋げるようにして、穴を閉じます。

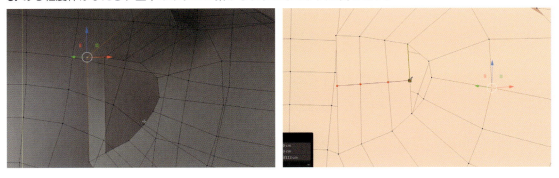

6. 口内の断面は、図のようになります。

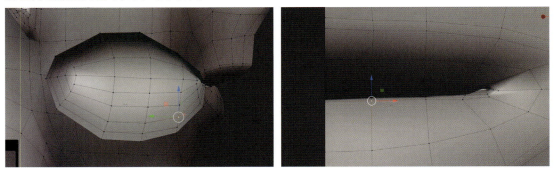

7. 頭部と身体の継ぎ目（首部分）の頂点がズレているので、修正します。一旦、2つのオブジェクトを結合して、頂点同士をマージします。

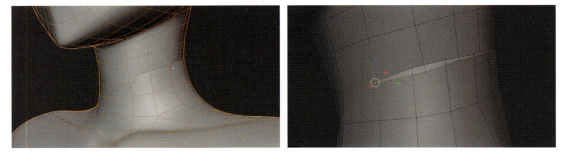

8. 形状を整えながら、頂点を連結します。

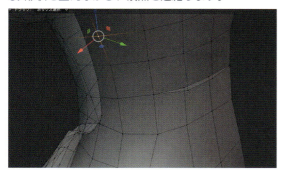
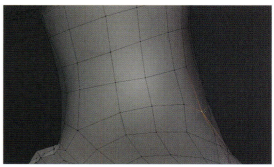

9. すべての頂点を連結し、形状を整え終えたら、再度、首の上部のエッジをループ選択して切り込みを入れ、身体メッシュを別オブジェクトとして分離します。

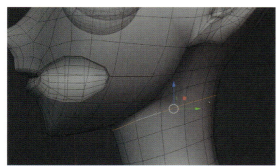
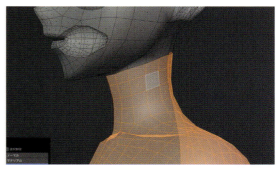

10. 目の印象を合わせていきます。まつ毛のポリゴンを一部選択して複製し、二重まぶたのラインにします。

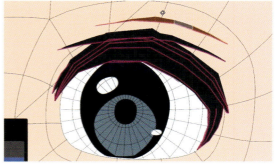

11. まつ毛や二重まぶたの要素を結合して、形を整えます。

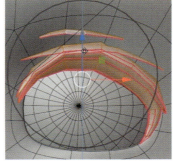
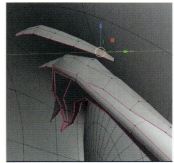

3章　マテリアル

133

12. デザイン画ではまつ毛に緩急が付いている部分が2か所（赤点）あるので、サポートエッジを追加します。

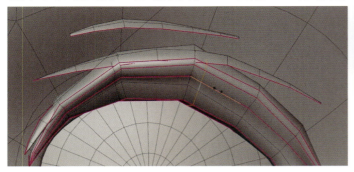
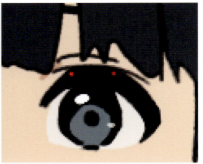

13. エッジが2本並んでいる状態のままだと動かしづらいので、下側の頂点は結合します。

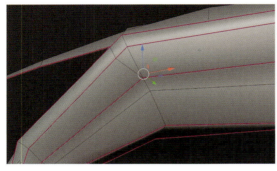
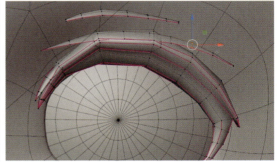

14. 目頭の分割を増やし、エッジ同士の幅を調整します。

15. 分割が少ないので、下まぶたに縦のエッジを追加します。

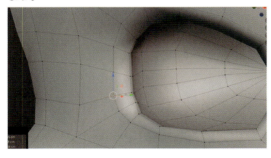
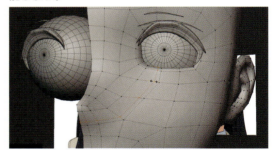

16. 顔の側面にループを追加し、トポロジーを整えます。

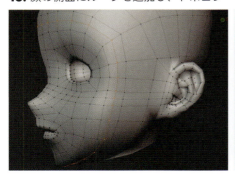

17. 頬のエッジ間隔を調整します。

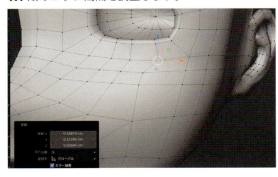
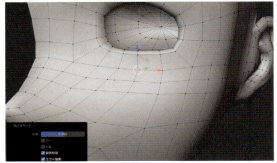

18. 顔の側面のエッジ間隔を調整します。

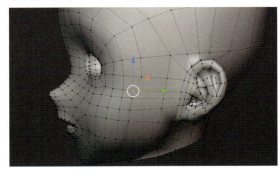
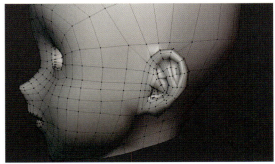

19. 頬のトポロジーが引っ張られ気味なので、修正します。

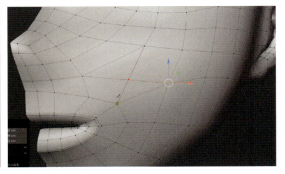

20. ナイフツールでカットし、エッジの繋ぎ方を変更します。

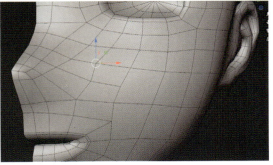

21. 鼻の上のエッジを1本削除します。

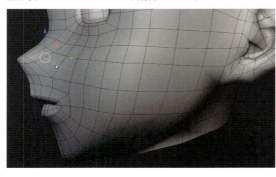
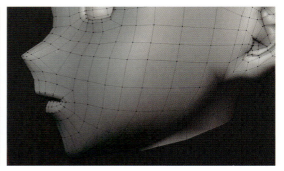

22. 口の横の五角形のポリゴンにエッジループを追加します。

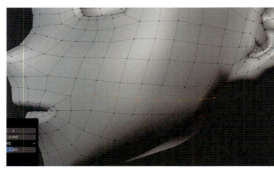
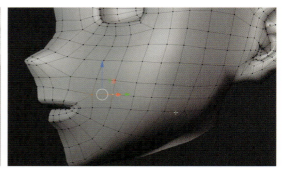

23. 後頭部のエッジ間隔を調整します。

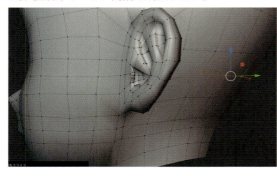
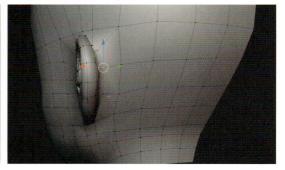

24. 頬のエッジ間隔を調整します。

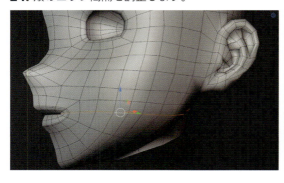
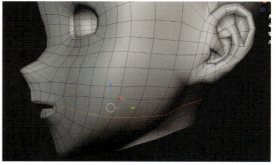

25. 口の上と鼻のエッジの繋ぎ方を調整します。

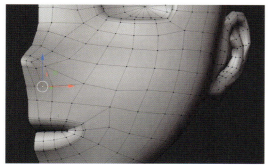

26. 鼻の上からカットしてエッジを繋ぎます。

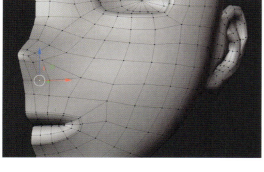

27. 1本余ったエッジを削除します。

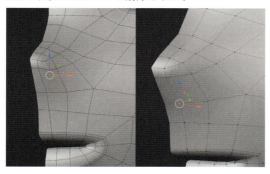

28. 図のようなトポロジーになりました。

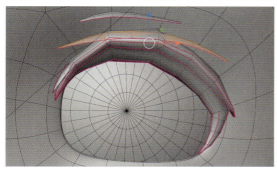 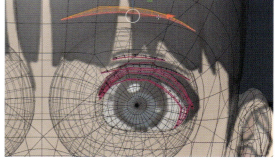

29. まつ毛のポリゴンを一部複製して、眉毛を作成します。

 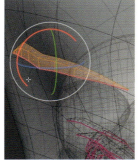

30. デザイン画に合わせて、眉毛の形を調整します。

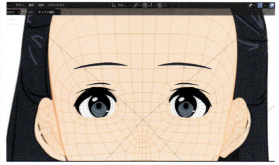

31. まつ毛の毛先の頂点を1点に集約（マージ）し、先端が少しカールするように調整します。

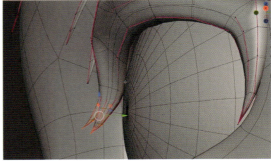

32. 下から見てまぶたに沿ってカーブさせます。

33. 細かい毛を1つ作成し、向きを変えます。

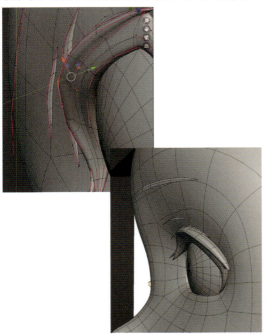

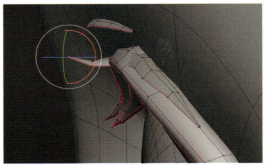

34. カールして見えるように、大きなまつ毛に差し込みます。

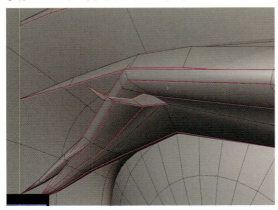
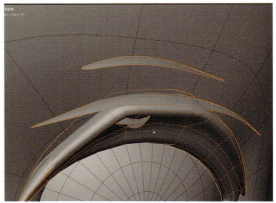

35. 作成したまつ毛の細かい毛をいくつか複製して並べます。横から見て、それぞれの毛が見えるように角度や位置を調整します。

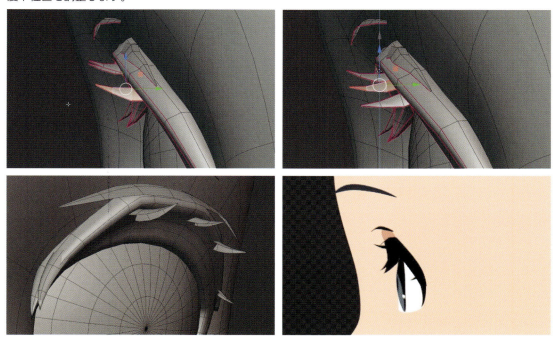

36. 鼻にラインを出すために、小さい平面を新規作成します。

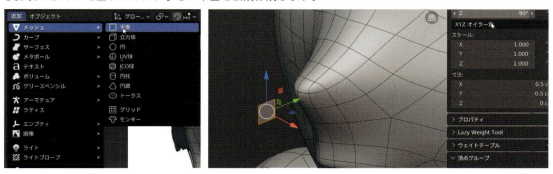

37. 作成した平面ポリゴンを鼻に差し込みます。

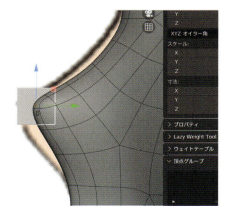

38. 平面ポリゴンのマテリアルを設定します。[ブレンドモード] を**アルファブレンド**にして透過させます。

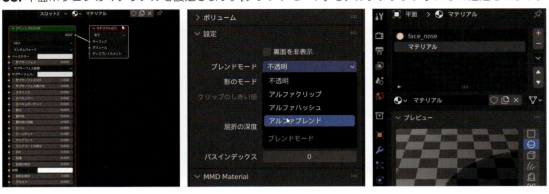

39. 影のモードを **[なし]** にします。シェーディングを確認すると、平面ポリゴンが透過しています。

40. マテリアル名を変更して、新しくラインセットを追加します。

41. 新しく作成したラインセットにマテリアルをアサインし、ラインサイズを調整します。

42. 平面ポリゴンを複製、向きを変えて唇の前に設置します（※置くだけ）。口のラインを一部隠すことによって、口のラインが途切れる表現を施します。

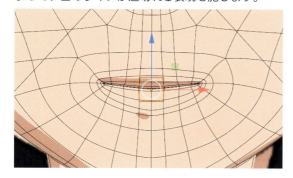

43. 平面ポリゴンが刺さっている部分に鼻のラインが出ました。

44. 正面から見ると口のラインが途切れる表現ができています。

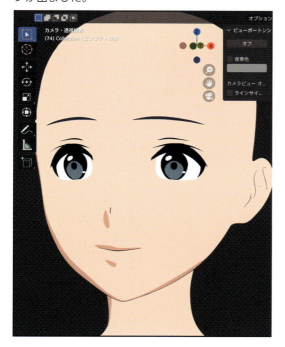
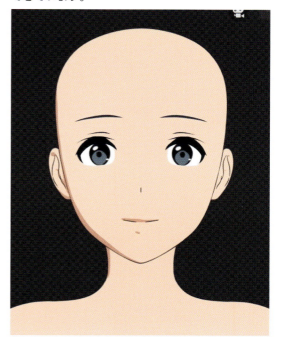

メッシュが差し込まれている部分にラインを描画したり遮蔽物でライン描画を途切れさせたりできるんだね

逆にメッシュで隠れている上から描画することもできるみたい

Point

ボーンレイヤーとボーンコレクション

Blender 4から、ボーンレイヤーの機能がボーンコレクションに置き換わり、以前よりも分かりやすいUIと管理方法になりました。編集モードでグループ化したいボーンを選択、右側の［＋］でボーンコレクションを新規作成し、[割り当て] ボタンで指定のコレクションに移動させることができます。

コレクションにはそれぞれ名前を設定でき、下の［選択］ボタンを押すと、コレクション内のボーンを一括選択できます。また、コレクションごとに表示／非表示を切り替えることで視認性を保ちながら、スキンウェイトやポーズの作成を行えます。

CHAPTER 04 Hair, Clothes, Eyeballs

4章
髪の毛・衣服・眼球

1. 髪の毛（ラフ）

「髪の毛」の作成方法は人によってさまざまです。平面から作る人もいれば、球体から作る人もいます。また、カーブを使って作成する方法もあります。

本書では、平面ポリゴン（板ポリ）から作成します。もし難しいと感じたり、他の方法を試したい場合は、ウェブサイトや動画を調べてみましょう。

1. デザイン画だけを表示します。

2. 平面ポリゴンを1枚作成し、前髪の前に置きます。

3. 平面ポリゴンを細くして、分割数を増やします。

4. デザインに沿って分割し、形状を調整します。

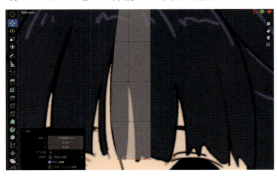

5. 1房できたら、一部を複製して流用します。

6. さらに複製して、前髪全体を作成します。

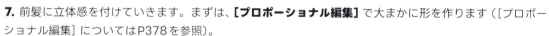

7. 前髪に立体感を付けていきます。まずは、**[プロポーショナル編集]** で大まかに形を作ります（[プロポーショナル編集] についてはP378を参照）。

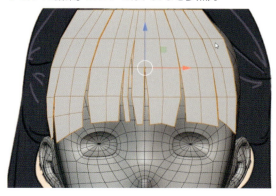
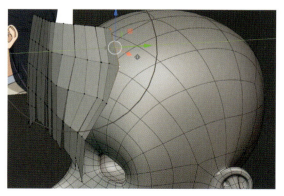

4章 髪の毛・衣服・眼球

8. ［プロポーショナル編集］で大まかに形を作ったら、頂点編集で額に沿って、形状を調整します。

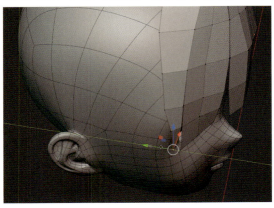

9. 横からだけでなく、フカンやアオリでも確認して形状を調整します。

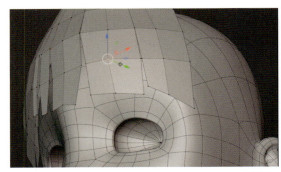
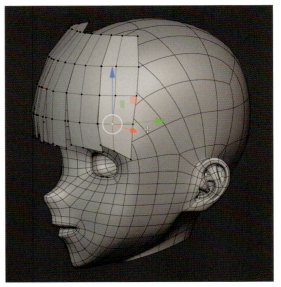
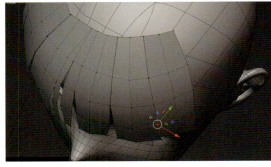

10. 横から見ると、髪の毛の房が足りないので、複製して1房分増やします。

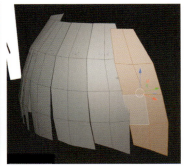

11. 形を整え、反対側にも同じように作成します。

12. 1房1房が分離している状態なので、デザイン的に繋がっている部分の頂点をマージします。

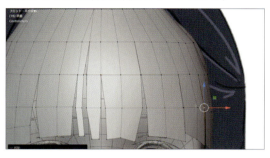

13. 頭頂部の方へポリゴンを伸ばします。

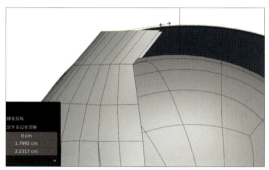

14. 端同士のポリゴンを繋げます。

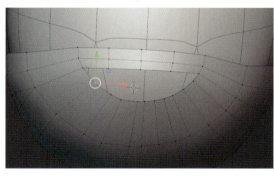
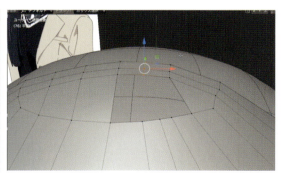

15. ポリゴンを作成して、埋め、トポロジーを調整します。

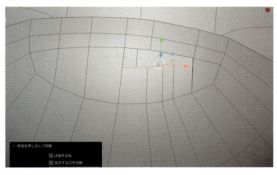
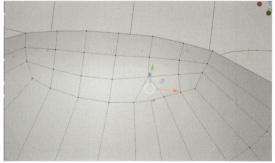

4章 髪の毛・衣服・眼球

16. 頭頂部はラフ段階でも、ある程度丸みが欲しいので、ループを追加してエッジ間隔を調整します。

17. 前髪がある程度形になったら、横髪、後ろ髪も同様に作成します。

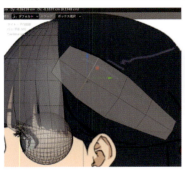 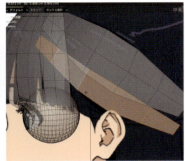 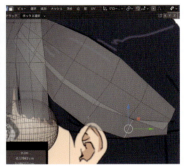

18. 横髪は頭部に沿った形ではなく、ボリュームを付けて立体化します。

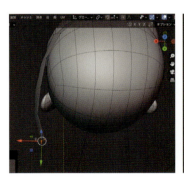 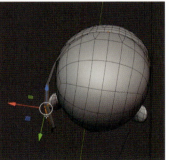

19. 後ろ髪のベースになる球体を作成して、後頭部の位置に持っていきます。

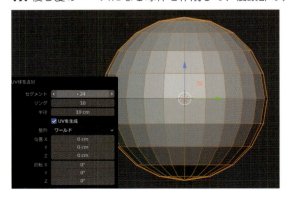 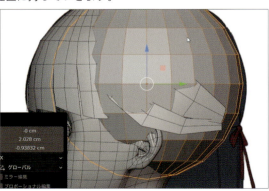

148 | 4章 髪の毛・衣服・眼球

20. 頭頂部をデザインに合わせる形で位置調整したら編集モードに入り、頭頂部のポリゴンを削除します。

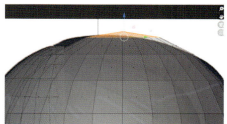
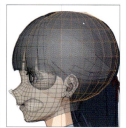

21. 前髪方向のポリゴンを約半分ほど削除し、下半分も削除。足りない部分にポリゴンを伸ばします。

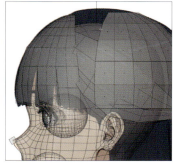
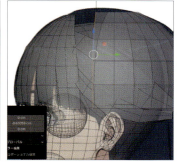

22. 大きさを調整しつつ、ポリゴンをまた半分削除して、[ミラー]を適用します。

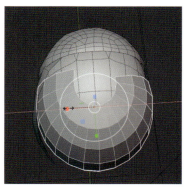
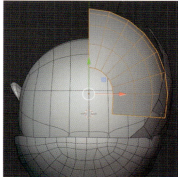
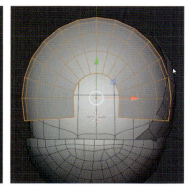

23. 額方向に髪の毛を伸ばします。

24. 後頭部から耳の後ろくらいまでのエッジを選択し、下方向にポリゴンを伸ばします。

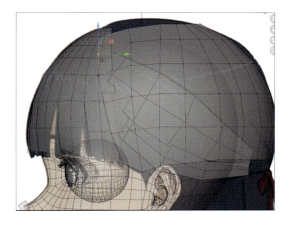
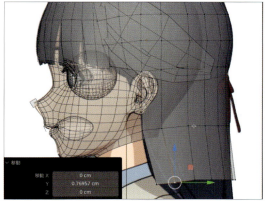

25. 頭頂部の隙間を埋めます。

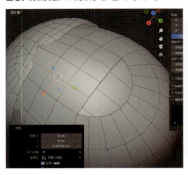
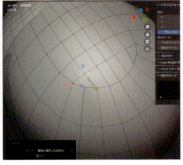
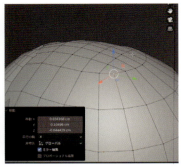

26. 後ろ髪をさらに伸ばし、横の分割数をいくつか増やします。デザインに合わせて、後ろ髪に広がりが感じられるように調整します。

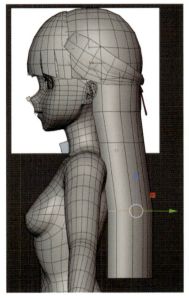
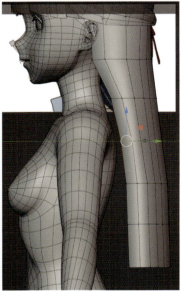
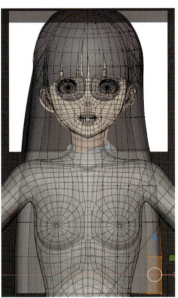

27. 何本かの毛束に分割します。左右対称にならないように、できるだけランダムな太さに分割しましょう。

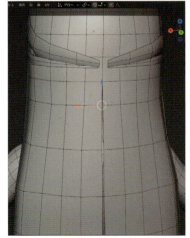
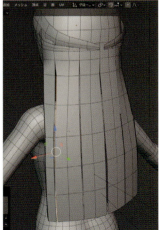

28. 上の方のポリゴンは、左右対称に編集できるように分離しておきます。

29. 後ろ髪から1本複製して、前への垂れ髪にします。

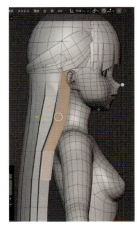
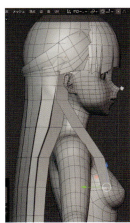

30. 分割した際にノッペリしてしまった毛束（特にシルエットに関わる部分）には、縦のループを追加して、少し立体感を付けておきましょう。

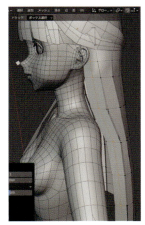
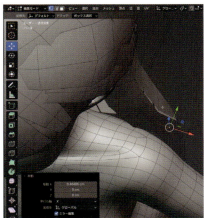

31. 前への垂れ髪にもループを追加し、後ろ髪の毛先をフラットにします。

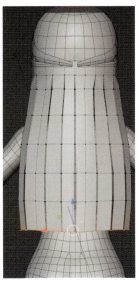
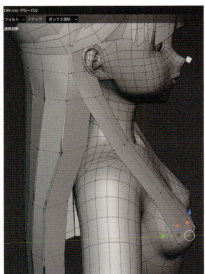

32. 結んでいる横髪の生え際を頭部に合わせます。

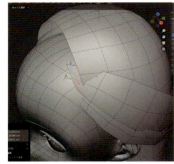
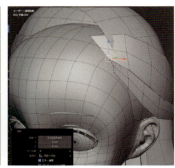

33. 分割数を増やしながら造形し、下の毛束も、ある程度同じ分割数になるように調整します。

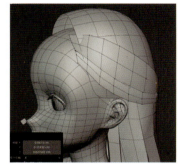
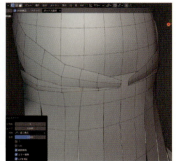

34. 頭頂部と後ろ髪の生え際に大きな隙間が空いてしまっているので、ポリゴン伸ばして埋めます。

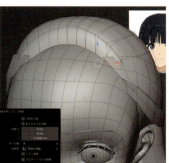

35. 伸ばしたポリゴンの角度を調整し、前髪との繋がりに違和感がないようにします。

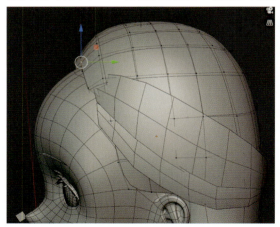

36. 後頭部の髪にループを追加しつつ、ボリュームや丸みを調整します。前から見た髪のボリュームをデザインにきっちり合わせすぎると、後ろ側の髪だけ極端に膨らんで見えてしまうので、ひと回り小さいくらいが良いでしょう。

37. 横髪の毛束を複製して、さらに上に追加します。

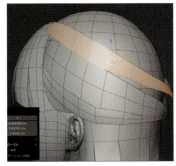
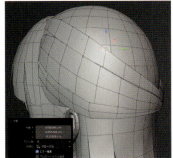

38. 生え際の位置や毛束間の間隔が一定にならないように調整します。

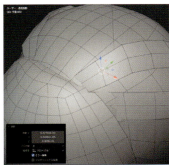

39. さらに毛束を複製して、頭頂部辺りに設置します。

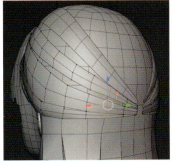

4章 髪の毛・衣服・眼球

40. 頭頂部辺りの毛束は他より太めにし、曲がり具合も調整します。

 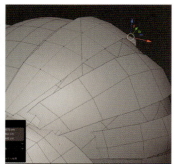

41. それぞれの毛束に［ミラー］モディファイアーを追加して、結び目に集結するようにします。

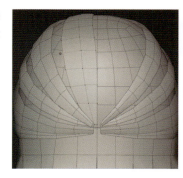 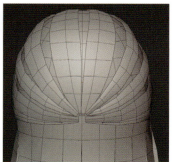

42. シェーディング＋ライン描画で確認すると、右図のようになります。ライン間にバラつきがあるところが、自然に見えるポイントです。

43. 後ろ髪の毛先を細かく造形していきます。

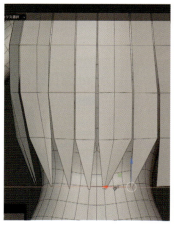 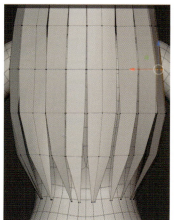

44. 横のループを追加して、肩にかかるように髪の毛の流れを滑らかにします。

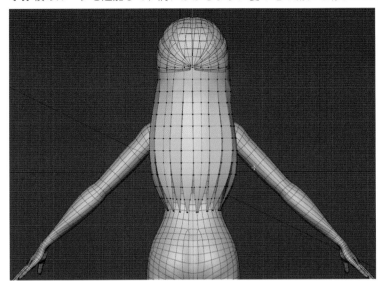
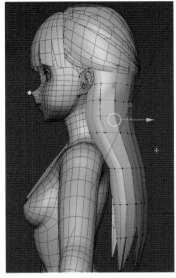

45. 毛先を細くしただけでは毛の密度がスカスカに見えるので、毛先のエッジをいくつか選択してポリゴンを伸ばします。伸ばしたポリゴンを分割し、少し枝分かれしているような造形にしましょう。

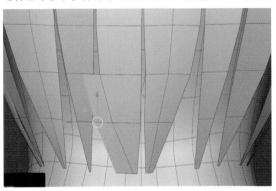
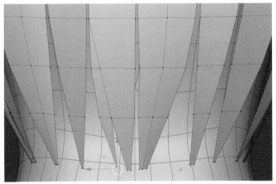

46. 他の毛束も毛先で枝分かれするように調整します。できるだけ毛先の太さがランダムになるように造形していきます。

47. すべての毛先を細くするのではなく、何本かは太いまま、先まで伸びている毛束を作ると良いでしょう。

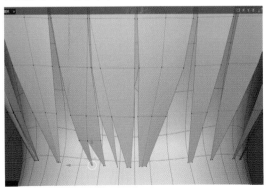
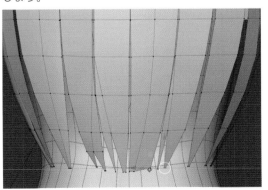

48. 残りの毛束も同じように造形します。

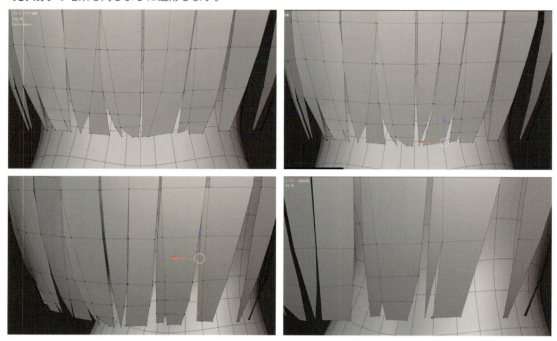

49. 毛先がある程度できたら、後ろ髪全体のボリュームを調整します。頭部の方から流れていき、途中で少し広がって、また毛先の方へまとまっていくような感覚です。

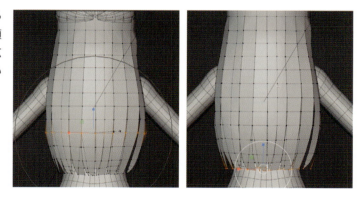

50. 前に垂れる髪の毛も調整します。1本だけだと味気ないので、もう1本追加して、上に重なるように配置します。

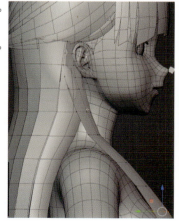
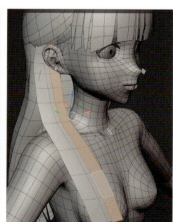

51. 複製したもう1本の毛束は、細くなるように調整します。

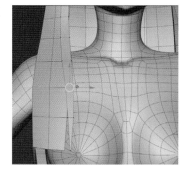
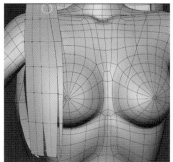

52. 後ろ髪と同じように毛先にいくつか分割を入れ、バラつきが出るように表現します。

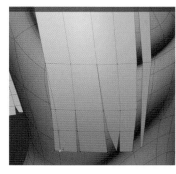
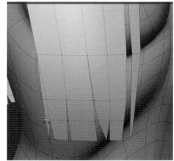

53. 太い方の毛束を中央で分割し、少し重なるように調整します。一定の重なりではなく、毛先に向かうに連れて重なりが少なくなるようにします。

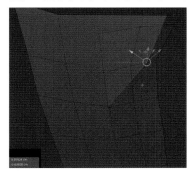
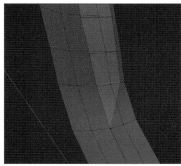
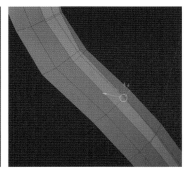

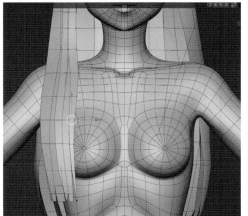

54. 結んでいる横髪から出ている後ろ髪に、広がりが出るように調整します。

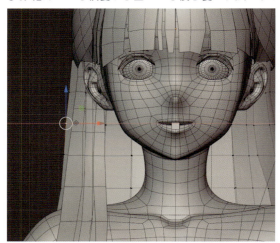

55. 後ろで結んでいる髪の毛を作成しましょう。後ろ髪から2列のポリゴンを複製し、毛先に向かうに連れて細くなるように太さを調整します。

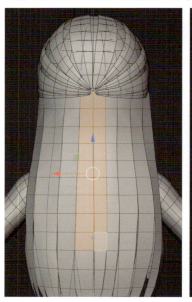
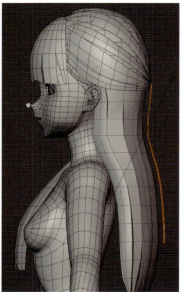
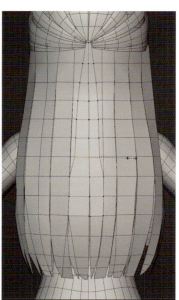

56. 後で厚みを付けられるように、後ろ髪から少し浮かせて、位置を調整します。

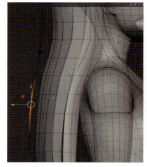

57. 縦のループを追加して、少し丸みを付けます。

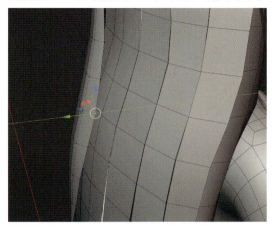

58. 毛束が途中で2本に分かれるように作成し、長さを調整します。

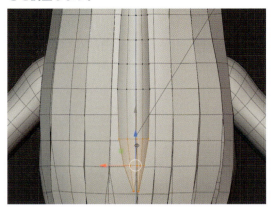

59. 毛束の始まりにループを追加して、結び目から少し垂れているように造形します。

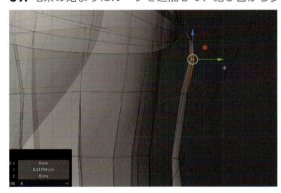

Point

1. 前髪は平面ポリゴン（板ポリ）から始め、透過表示でフロントのデザイン画に合わせながら形状を変えていく。その後、頭の形に沿って前後に頂点を移動させる。
2. 後ろ髪は球体から始め、球体を4分の1ほどにカットして形を少し調整する。その後ポリゴンを押し出して腰辺りまで後ろ髪を作る。斜めや横から見ても立体感が感じられるようにする。
3. 毛先の細かい枝分かれもこの段階で作っておき、シルエットを決めておく。
4. 顔と髪の毛の印象はセットなので、髪の毛を作りながら顔の調整も行う。

ラフの時点である程度ボリューム感やトポロジー、シルエットを決め込んでおく必要があります。髪の毛はラフ段階で方向性を決めておけば、詳細モデリングで綺麗にスムーズに造形できます。

髪の毛のラフモデリングは平面ポリゴンの状態で進めていくんだ

顔のときもそうだったけど「2次元的に正面から見た形」を作ってから「立体」にするんだね

そうそう

一番意識することは髪のボリューム感の「バランス」だね

正面でボリューム感を合わせてからチェックカメラで全方位を整えていく感じ

「初心者の人が陥りやすいミス」ってどういう所になるのかな

やっぱり

斜めから見たときにシルエットが整っていないことが多いと思う

「前髪のボリューム不足」と「後ろ髪の盛りすぎ」などが起こりやすいね

あとは

ラフモデリングの時点で「ポリゴン数が増えすぎる」のも問題かも

特に前髪は一体型で作るけど枝分かれが多いしポリゴン数が増えがちなんだ

もう一度その辺りを見直してみようかな

2. 衣服（ラフ）

衣服の作成にはいろいろな方法があります。「ボックスや円柱を組み合わせていく方法」「素体からポリゴンを複製し、それをベースに変形させていく方法」などです。どちらも一長一短ありますが、素体から複製する方法はどうしても素体のトポロジーや形状の影響を受けやすいため、今回はボックスから作成します。

セーター

1. ボックスを追加作成します。

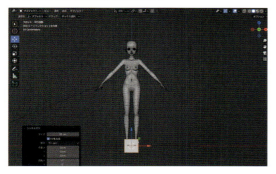

2. ボックスを胸の辺りに移動します。

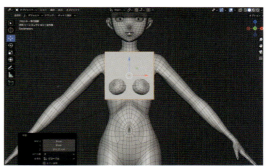

3. 上半身を覆うように変形させます。

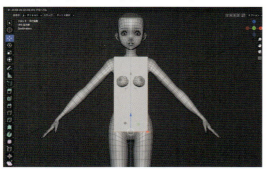

4. ループを追加し、ある程度、素体に合わせます。

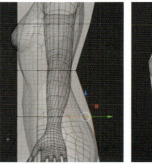
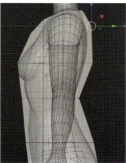

5. 必要最低限のポリゴンで大まかに形作るので、胸の辺りはポリゴンが足りなかったり、飛び出したりしてもかまいません。ザクザク変形させましょう。

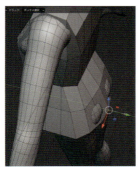
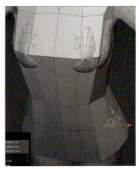
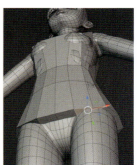

6. ある程度、形ができたら、スムーズメッシュをかけます。袖を作成するため、肩にループができるようにカットし、穴を空けます。

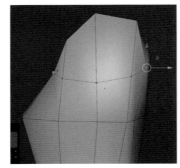

7. 穴部分のエッジを伸ばし、袖を作成します。

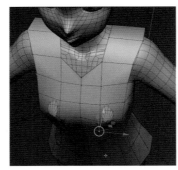
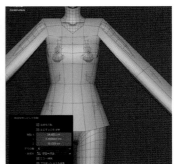

8. ループカットでポリゴンを増やし、丸みを付けます。一気に増やすと、移動する頂点が多くなり、ガタガタした煩雑なモデルになりやすいので「1本追加して調整」「また1本追加して調整」を繰り返します。

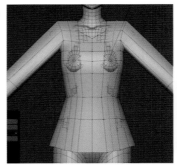
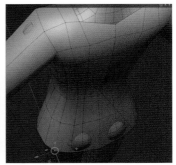

9. 肩と袖の繋ぎ目のエッジをループで選択できるように、ナイフツールでぐるっと一周エッジを追加します。

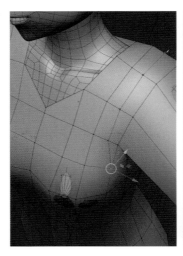
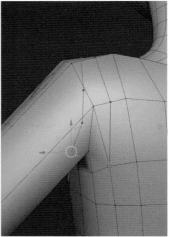

10. 肩まわりのエッジが少なく、カクカクしているので、何本かループを追加して丸みを付けます。

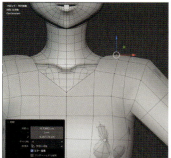

11. 横のループも追加、丸みを付け、セーター全体のポリゴンの大きさを一定に保ちます。

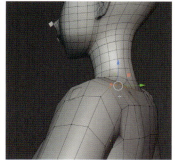

12. ある程度、形ができたタイミングで、セーター用にマテリアルを新規作成して、オブジェクトに割り当てます。マテリアルの構造は、基本的にbodyと同じで良いでしょう。

13. セーターの裾を作ります。

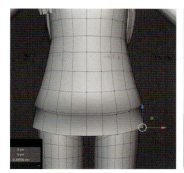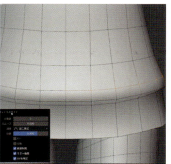

14. サブディビジョンをかけた際、きちんと凹凸が目立つように、段差の上部にもループカットを追加します。

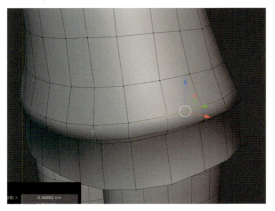

15. 裾の太さがあまり変わらないように、ポリゴンの長さを調整します。

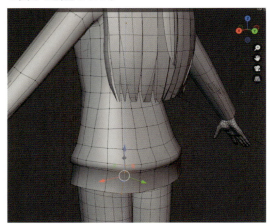

16. 袖口も同じように段差を付けます。

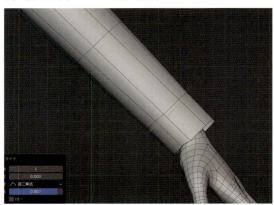

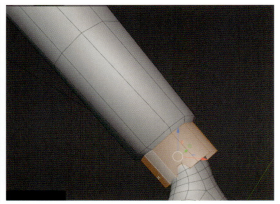

17. 袖口と裾に段差が付いて、セーターらしくなりました。セーターの上にブレザーを着るので、（後で削除する）腕の辺りの造形にはこだわらなくて良いでしょう。

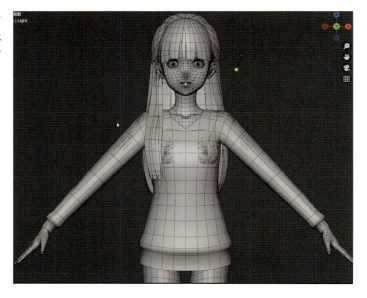

18. ポリゴンが足りず、胸のメッシュが飛び出してしまうので、分割数を増やし、胸が飛び出さないように調整します。

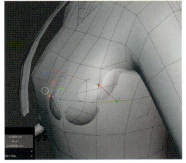 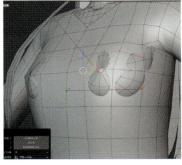 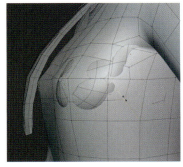

19. 胸の丸みを表現するのに必要な縦の分割数も不足しているので、縦のループを追加、ポリゴンの間隔を整えます。ポリゴンの大きさが均一になるように、背中側にもループを追加します。

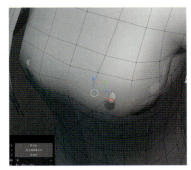 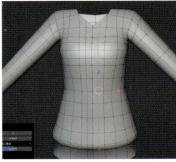 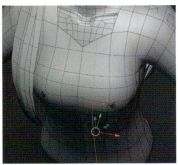

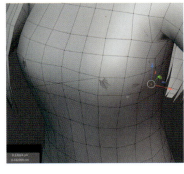 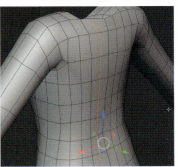

20. 袖口の段差が垂れている感じを出すため、[プロポーショナル編集] で少し斜めになるよう調整します。

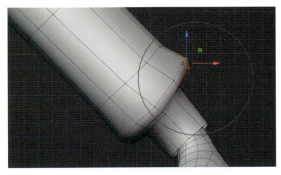 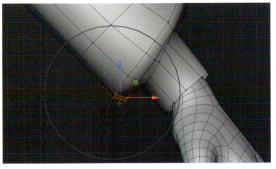

21. セーターのラフモデリングができました。

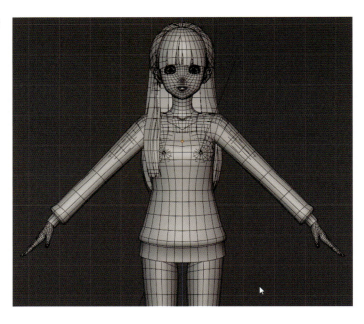

スカート

1. メッシュの追加から [円柱] を作成します。[頂点] の数や [半径] の長さなどは図のような設定です。

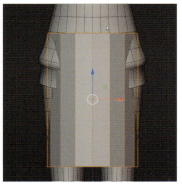

2. 腰付近にオブジェクトを配置したら、上下のポリゴンを削除して空洞にします。

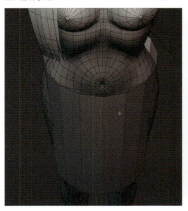

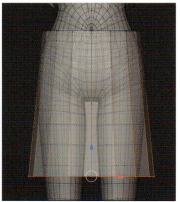

3. 円柱の上部と真ん中にループを追加し、スケールで大まかに素体に合わせます。

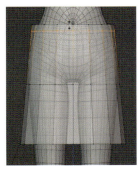  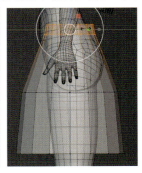 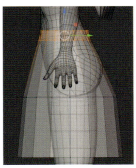

4. 引き続きスケールで形を合わせながら、ループを追加して丸みを付けます。できるだけ頂点編集ではなく、スケールのみで形作ると綺麗なスカートになります。

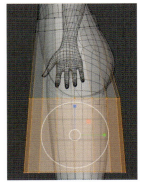 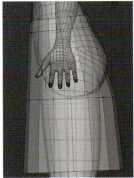 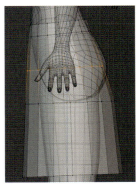 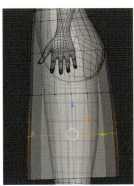

5. 上部のループの真上にもう1本ループを追加します。

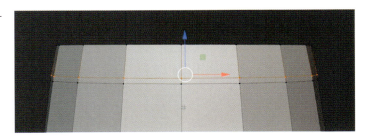

6. フリルとなるポリゴンを1ループずつ押し出します（座標系はノーマル）。

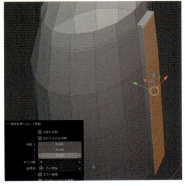 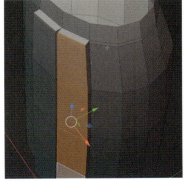 

4章 髪の毛・衣服・眼球

7. 押し出した面の一番上の頂点を、押し出す前の頂点にマージします。また、押し出した面の左側の1列の頂点も同じように、押し出す前の頂点にマージします。

 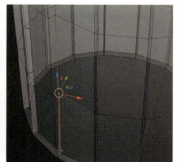

8. 押し出した面は上から下に徐々に押し出しが大きくなるように調整します。下に向かって、徐々にフリルが開いていくようなイメージです。

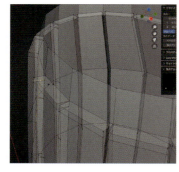 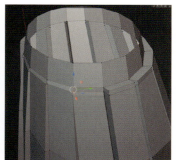

9. 同じような処理を1つ1つのループに全周分行います。

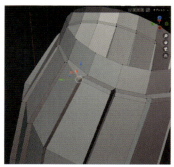 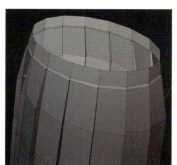

10. 押し出しでできた真下のポリゴンは不要なので削除します。

 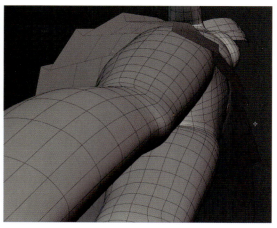

11. フリルの一番下の凹部分の頂点を全周分選択し、少し上に移動すると、フリルのシルエットになります。

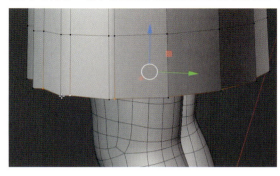
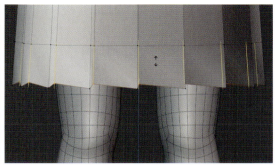

12. スケールで形作っただけでは、素体のお尻が突き抜けてしまうので、頂点編集＋[プロポーショナル編集]で少し後ろに膨らませます。

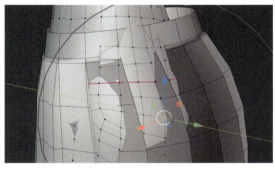
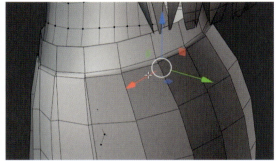

13. セーターからスカートが飛び出しているので、セーターがスカートの上になるように変形させます。

14. 素体の胸の先端を少し後ろに引いて、セーターが突き抜けないように調整します。

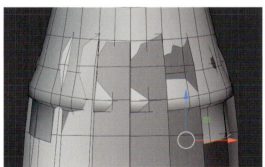
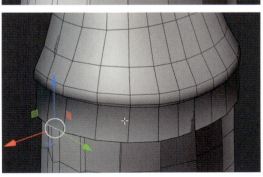
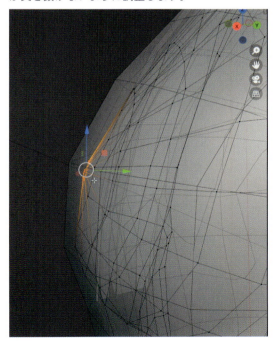

4章 髪の毛・衣服・眼球　　169

15. セーターとスカートのマテリアルを新規作成します。

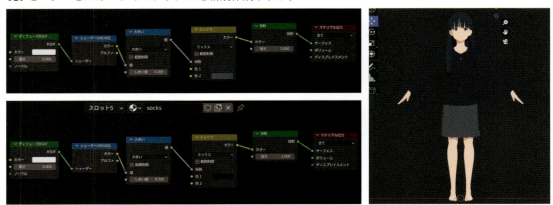

16. タイツにもマテリアルを新規作成し、素体のタイツとなる範囲のポリゴンを選択して割り当てます。

17. スカートの丈を調整し、背中からセーターがスラッと落ちるように修正します。

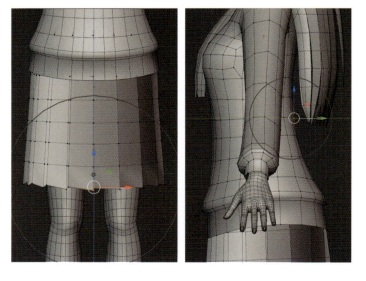

セーター(首まわり)

1. 襟の部分もぐるっと1周ループ選択できるように、ナイフツールでカットします(三角ポリゴンができます)。

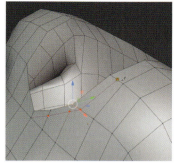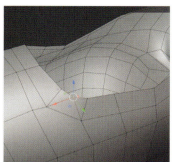

2. カットして三角ポリゴンになった部分は、右図のように逃がします。

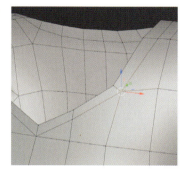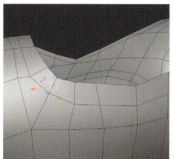

3. 腕の丸みが微妙に足りないので、前後に1本ずつエッジループを追加します。

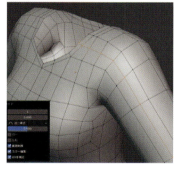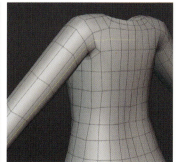

4. ループを追加したら、全体のエッジ間隔のバランスを調整します。

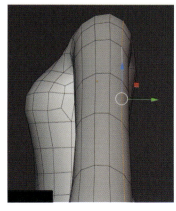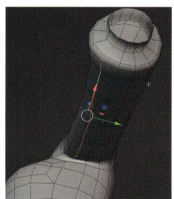

カッターシャツ

1. カッターシャツの襟部分を作成しましょう。先ほど作ったセーターの首まわりのポリゴンを1周選択し、複製します。

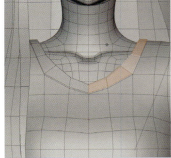 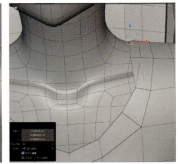

2. 複製したポリゴンをセーターの下に少し潜り込ませます。

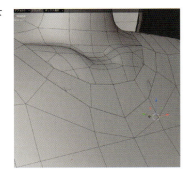 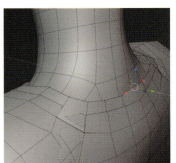

3. さらにポリゴンを複製、カッターシャツの立った襟部分を作成します。

 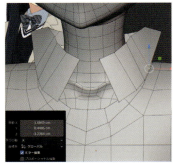

4. ある程度、首に合わせて変形させます。

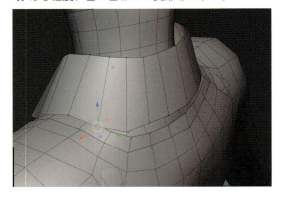

5. ループを追加、少しカーブを付けます。

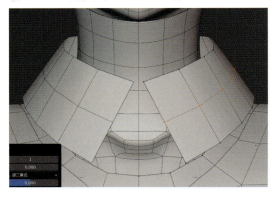

6. カッターシャツ部分のマテリアルを新規作成します。他のマテリアルをコピーし、デザインからスポイトツールで色を取ります。

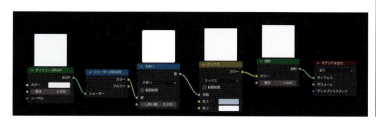

7. セーターの下に潜り込ませたポリゴンから、円柱状にポリゴンを伸ばします。一旦、[ミラー] モディファイアーを適用して伸ばし、スケールで形を調整するとやりやすいでしょう。

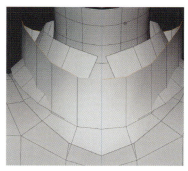
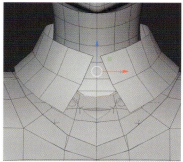
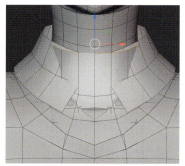

8. 何回か押し出して、ポリゴンを伸ばし、襟の裏側のポリゴンを作ります。

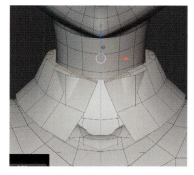

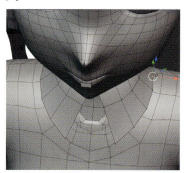

9. 襟の分かれ目との結合用に中心部分に1本ループを追加し、襟の形状を整えます。

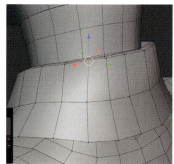

10. 横のループを追加し、縦のエッジ数を中と外で合わせます。

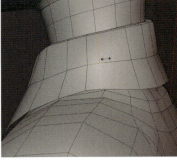
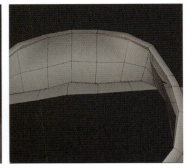

11. 中のポリゴンと外側の頂点を一旦マージします。

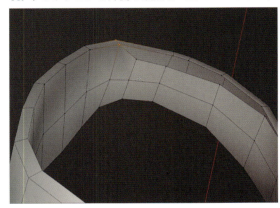
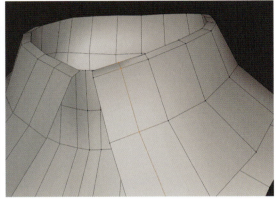

12. 襟の上部に丸みを付けるため、ループを1本追加、膨らみを付けます。

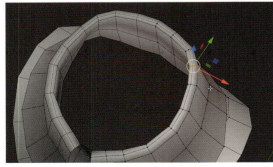

ブレザー（ラフ）

1. セーターを全体的にスケールアップしながら複製します。

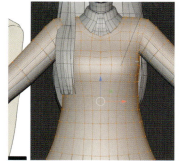
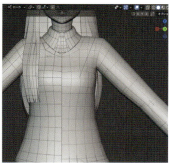

2. ブレザーに不要なポリゴンを削除します。今回はボタンを留めずに開いた状態なので、中心のポリゴンを1〜2列削除します。同様に、裾の段差部分のポリゴンも削除します。

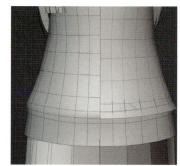
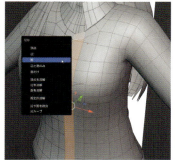

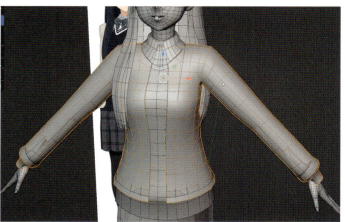

3. セーターは「身体のラインに沿ってスラッっと落ちる造形」ですが、ブレザーは「ピシッと上から下に落ちるシルエット」なので、その点を意識し、[プロポーショナル編集]で調整します。

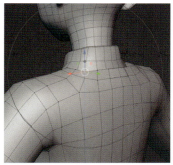
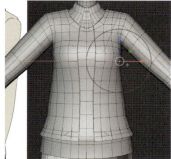

4章　髪の毛・衣服・眼球　　175

4. 袖口の段差部分のポリゴンも削除、セーターの袖が隠れるまでポリゴンを伸ばします。

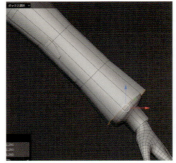

5. ボタン部分や背中部分は途中で凹むのではなく、胸を境にビシッと下に落ちるイメージで造形します。

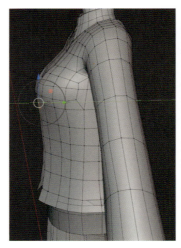
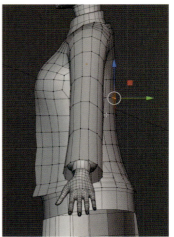

6. 頂点をマージして、襟まわりのトポロジーを調整します。

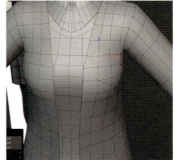

7. ブレザーの袖は、太く下に垂れ下がる印象なので、腕まわりや肩まわりの円柱を太くするイメージで変形させます。

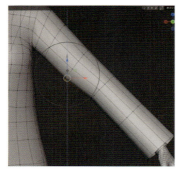
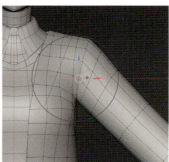

8. セーターが突き抜けないように、ひと回り大きく造形します。

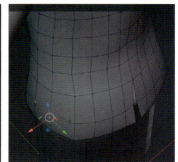

9. ブレザーの襟の首後ろ部分は、カッターシャツに覆い被さるように造形します。また、腰部分に切れ込みがあるデザインなので頂点同士を離して切れ込みを入れます。

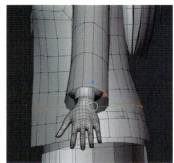
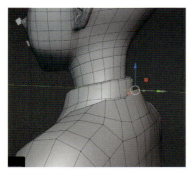
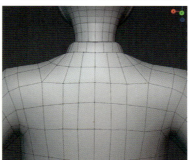
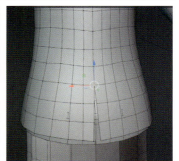

10. ブレザーのマテリアルを作成します。Pencil+ラインの設定も同様に行います。

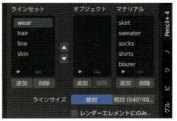

4章 髪の毛・衣服・眼球　　177

11. ブレザーの襟となるポリゴンを選択して、複製します。既存のポリゴンに重なるように襟を造形していきます。

12. ナイフツールでカット、襟の切れ込みを作ります。

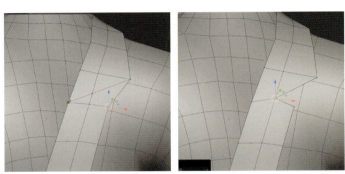

13. 胸下辺りで徐々に細くなるように、太さを調整します。

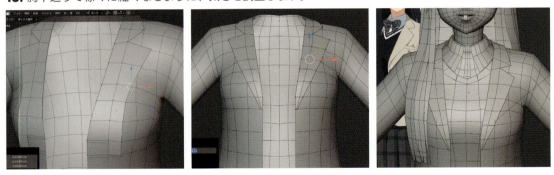

14. ポリゴンを伸ばし、襟の始まりを少し下にしました。

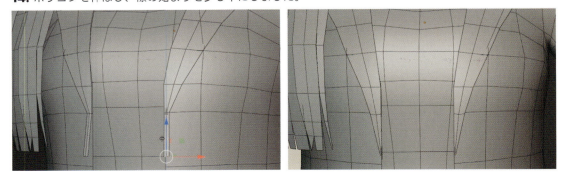

15. ポケットとなるポリゴンを3つほど選択して、複製します。そのままでは少し大きいので調整します。

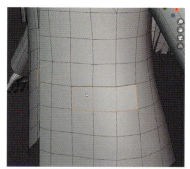
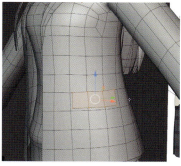
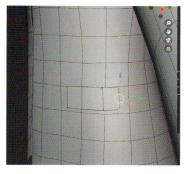

16. 袖の肩まわりがキュッと締まっている印象なので、頂点をマージして少し広げます。

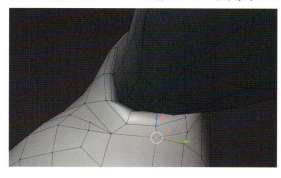
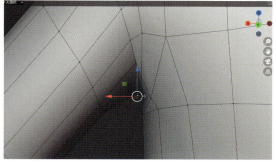

17. ポリゴンを複製して、胸ポケットを作成します。トポロジーはブレザーに合わせる必要はなく、デザイン優先で位置を調整します。

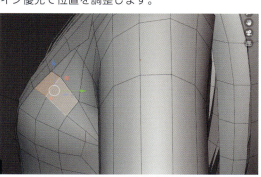
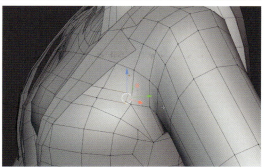

18. 肩まわりには、肩パッドによってできる段差を少し付けます。

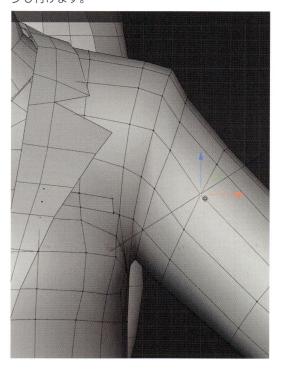

4章 髪の毛・衣服・眼球

上履き（ラフ）

1. ボックスを作成し、大きさを足に合わせます。

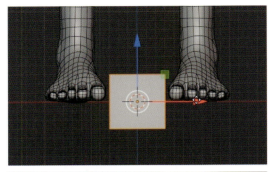
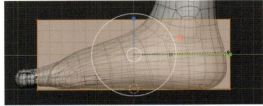
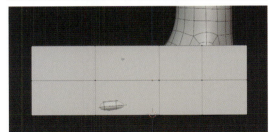

2. ループを追加し、丸みを付けます。

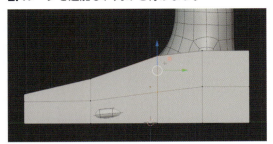

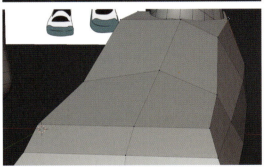

3. スムーズメッシュにし、足を入れる部分のポリゴンを削除して穴を開けます。

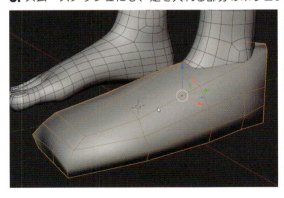
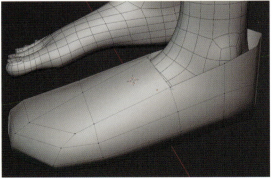

4. 足の甲にあるゴム部分を造形してループを追加、ザクザク丸みを付けていきます。

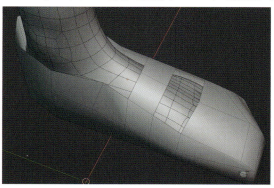

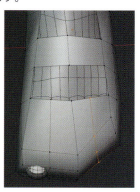

5. 親指が飛び出しているので、少し後ろに下げます。

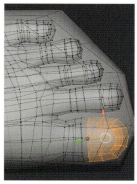
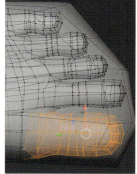
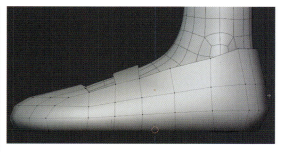

6. 足が入る穴は、足の形に沿って少したわんでいる造形にすると良いでしょう。

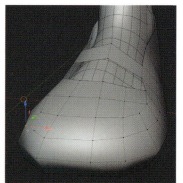

7. 上履きのマテリアルを2つ新規で作成。図のように割り当てます。

4章 髪の毛・衣服・眼球

リボン（ラフ）

1. ボックスを新規作成します。[細分化]を1回行い、形を作っていきます。

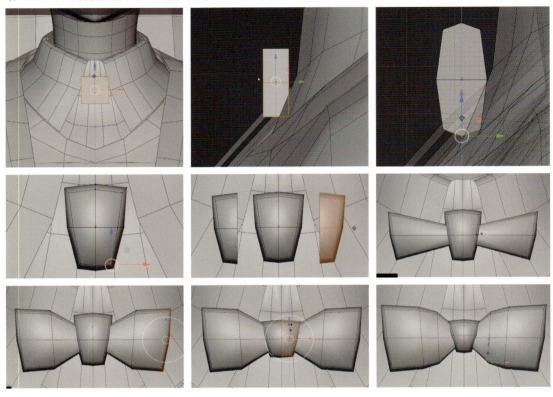

2. リボンを1つ複製、スケールで細くし、角度を変えて下に配置します。

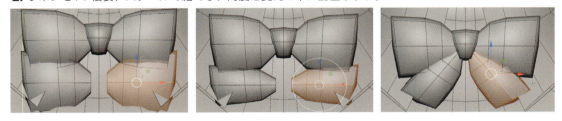

3. ある程度造形ができたら、オブジェクトモードでリボンの角度を調整します。

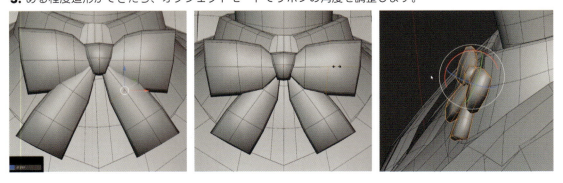

4. ペタッとした印象があるので、リボン全体にカーブを付けます。

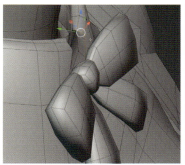
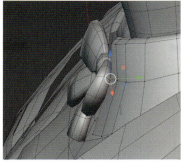
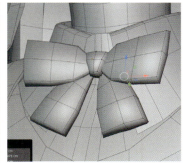

5. リボンのマテリアルを作成して割り当てます。

6. 衣服をひと通り作成したところで、頭部と身体のバランスを調整します。新規で十字エンプティを作成し、頭部のオブジェクトをすべてエンプティの子に設定します。

4章 髪の毛・衣服・眼球

7. エンプティを動かすと、髪の毛を含む頭部オブジェクトを制御できるようになりました。

8. エンプティをスケールで小さくし、等身のバランスを調整します。左側のカメラビューを見ながら調整すると良いでしょう。

9. 脚の造形を少し調整します。

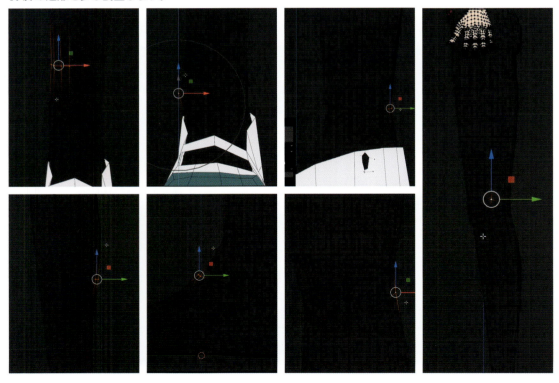

4章 髪の毛・衣服・眼球

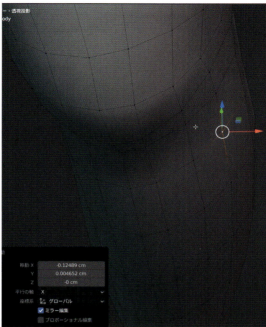
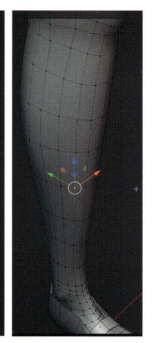

「衣服のラフモデリング」ってどの程度まで仕上げれば良いのかな

衣服は「ボックス」や「円柱」からモデリングしていくと良いと思うよ

流用できる形のものも多いから複製を多用して効率化を図ろう

1つ1つのメッシュの仕上げ具合が気になるな

衣服は数が多いからついつい1つのメッシュの調整に熱中しちゃうよね

ラフはそのキャラクターの「等身バランス」や「シルエット」が大まかに分かるくらいで良いよ

ラフを作る意味はいくつかあると思うけど1つは「全体のバランス（1つ1つのオブジェクトの大きさや形）を掴むため」だね

最初にすべてのオブジェクトを用意しておくことで作り忘れを防ぐ事もできるよ

あと
仕事だと（後の工程の）アニメーターさんにラフモデルを渡してモデリングと同時並行でアニメーションも作れるようにするためある程度印象が分かるモデルを早めに用意する必要があったりするんだ

4章 髪の毛・衣服・眼球　　　185

3. 髪の毛（詳細）

「髪の毛」はキャラクターの印象を左右する部分です。キャラクターがデザインに似ているかどうかは、「顔」と「髪の毛」が大きく影響するでしょう。したがって、顔の造形と同じくらい時間をかけて、丁寧に印象を合わせる必要があります。

1. 前髪の一番端の毛束を少し長くしておき、サイドに行くに連れ、広がりを感じさせる形にします。

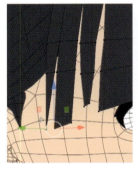

2. 伸ばした髪は、他の毛束と分割のラインを合わせます。

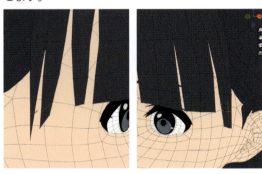

3. 前髪の枝分かれをもっと細かくしていきます。髪の分かれ目を増やすとポリゴン数が増え、大変ですが、今回は繊細な髪のシルエットを作りたいので、細かく割っていきます。

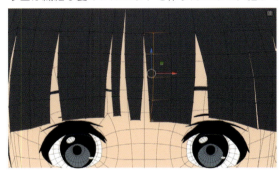

4. 分割したい部分にナイフツールでカット、**[V] キー**で頂点を分離します。

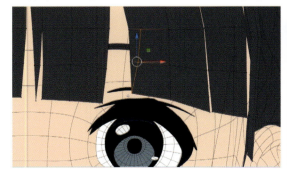

5. 枝分かれの開始位置が同じだと単調なシルエットになってしまうので、横のループも追加し、バラつきを意識して作成します。

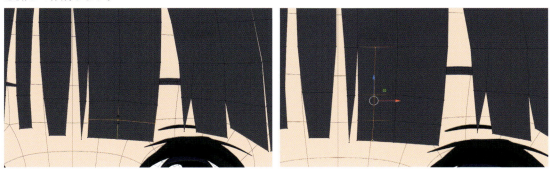

6. 先が細く尖っている毛束があれば、先が並行のままも毛束もあります。このように、毛先の造形にはいろいろなパターンがあると良いでしょう。

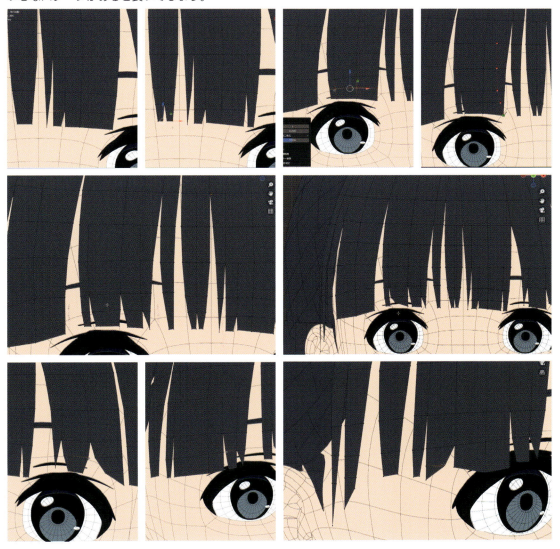

7. 前髪の下半分はナイフツールでカットしたため、ポリゴン数が多くなっています。途中で途切れているエッジの上半分の処理については、後ほど考えます。「トポロジーを考えながら」ではなく、まずは **「シルエットをどうしたいか」** を考えて作ります。

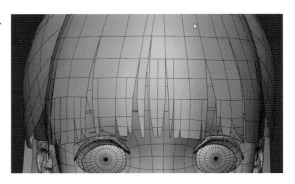

8. 太い毛の先端を尖っている造形にすると、デザインイメージと少し離れてしまうので、平行な処理に戻しました。

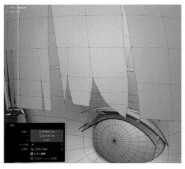
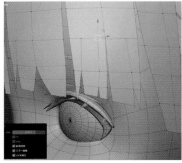
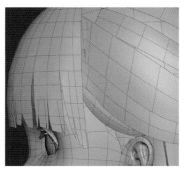

9. シルエットを意識した最終的な毛の分割。

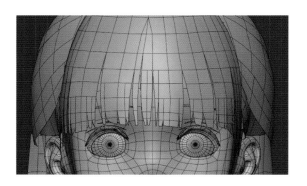

10. 横から見た前髪のシルエットが単調なので、カーブがつくように調整しましょう。まず、前髪上部の頂点をマージして、前髪上部の面積を減らします。

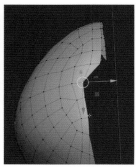
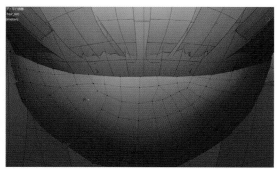

11. 横から見て、前髪上部を［プロポーショナル編集］で後ろに引っ張ります。

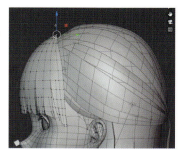
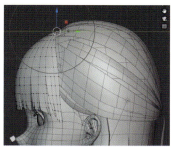

12. 前髪中央部を前に引っ張ります。横から見た前髪のシルエットは、カーブする形になりました。反対側も同じように調整します。

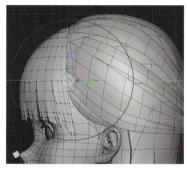

13. 前髪のトポロジーを綺麗にしていきます。

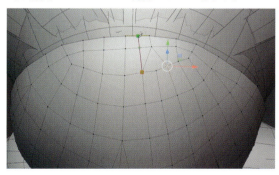
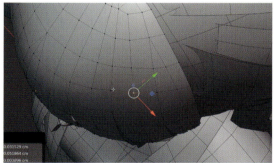

14. 枝分かれした髪の毛を作ったときにできた「途中で止まっているエッジ」をさらに上の方までカットし、1つの頂点に集結させます。

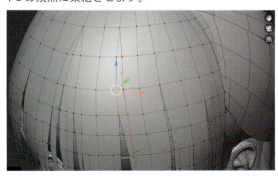

15. 集結するエッジは3本までにしましょう。同じポリゴンのラインで集結させることが重要です。

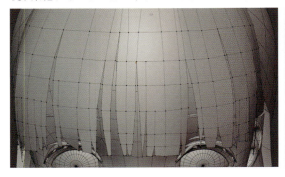
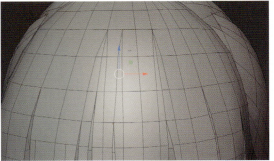

16. エッジを集結させ、三角ポリゴンになった部分の真ん中のエッジを削除、四角ポリゴンにします。

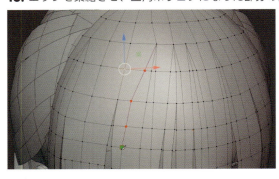

17. 図のようなトポロジーになりました。

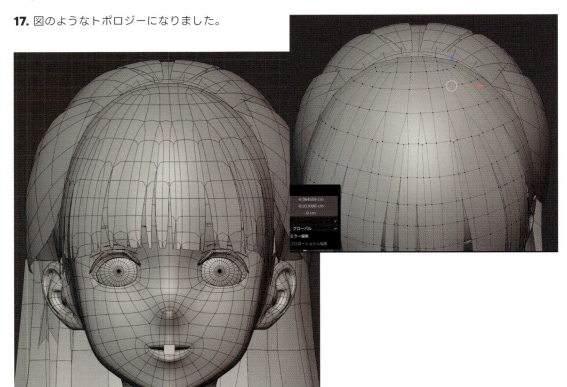

Pencil+4のブラシ詳細設定からストロークサイズ減衰を設定することで、ラインの入り抜きを表現できます。

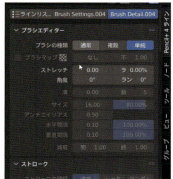
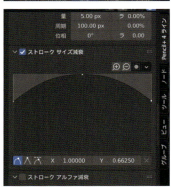

「前髪」は毛先の枝分かれが多くて
ポリゴンの管理が大変だなあ

エッジが集約する部分は
だいたい同じ位置に来ているね

そうだな

エッジをまとめる位置はできるだけ
シェーディングに影響がない位置にしているんだ

作り方の規則性を覚えれば
どんな「前髪」も同じような作り方でできるよ

18. 顔の印象が分かりやすいように、顔の固定影をポリゴンで表現します。本来はマスクテクスチャなどで表現しますが、今回は、簡易的にポリゴンに影色マテリアルを割り当てます。

4章 髪の毛・衣服・眼球　　191

19. 顎下から後頭部まわりのポリゴンを選択、影色マテリアルを適用します。

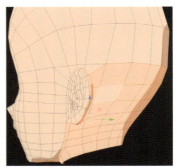

20. ライトが当たっても、指定したポリゴンが、常に影色になるようになりました。

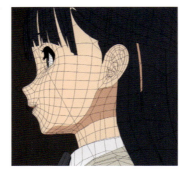
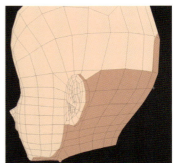

21. ライン描画を確認すると、標準色と影色の境界にラインが描画されているのが分かります。ライン設定で**［マテリアルID境界］**をオフにすると、ラインが描画されなくなります。

22. 首にも、影色マテリアルを適用します。首まわりを影色にするだけで、情報量が増え、キャラクターの印象が分かりやすくなります。

23. 耳の窪みにも、同じように、影色マテリアルを適用します。

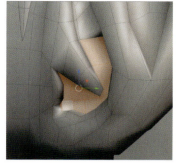
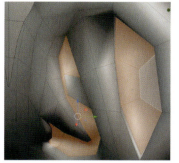

24. 前髪に厚みを付けましょう。**[ソリッド化]** モディファイアーを追加、適用します。

4章 髪の毛・衣服・眼球

25. 前髪に厚みが付いたら、毛先に向かうに連れ、薄くなるように調整します。

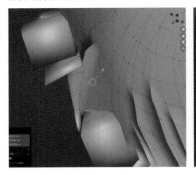
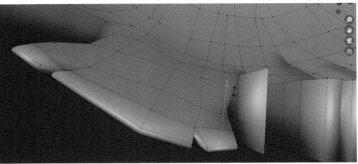

26. すべての毛束の調整を終えたら、サブディビジョンをかけて確認します。毛先が丸くなったり、毛束の分かれ目が曖昧になっているのが分かります。

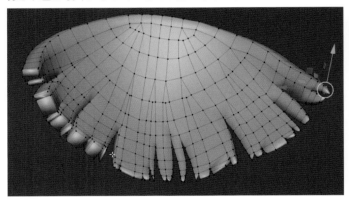
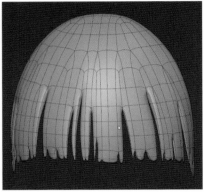

27. 前髪の上部の方は、もう少し厚みが欲しいので頂点編集で厚みを加えます。

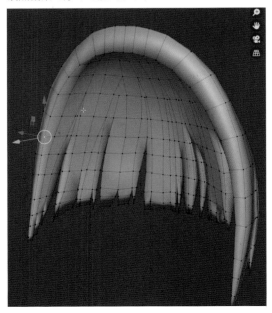

28. 髪のエッジをできるだけ平行になるよう調整します。ただし、毛先の方は平行にしすぎるとアンバランスになるので、揃える程度に抑えています。

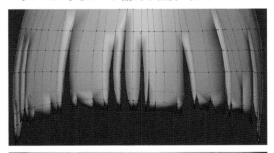
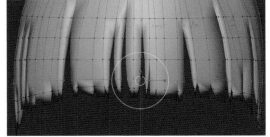

29. 前髪後ろ側の厚み部分にループを追加、**[Set Flow]** などで少し膨らませます。

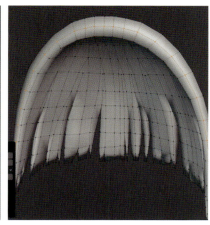

30. 髪の先端が丸くなるのを防ぐため、先端にサポートエッジを追加します。細かい作業なので根気が必要ですが、すべての毛束に対して行います。

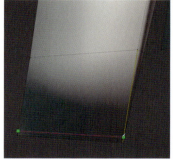

31. 毛束の厚みの側面にエッジ1本追加、少し膨らませます。

32. すべての毛束に同じ処理を行います。

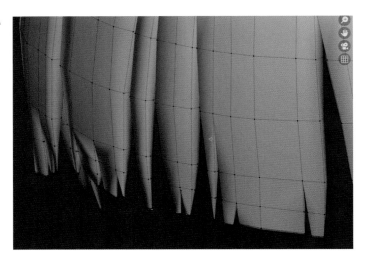

33. 一部のエッジの逃がし位置がずれていたので修正します。

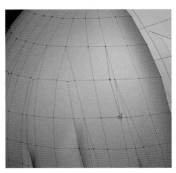
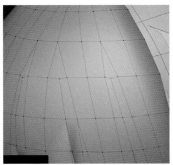

34. 厚み部分にループを追加して膨らませたことにより、毛束間の隙間が軽減されました。

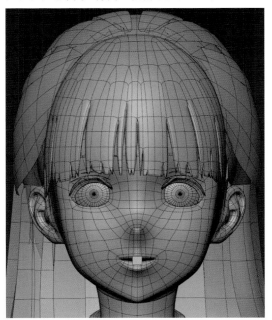

35. 毛束の丸みを修正するために、毛束一つひとつの両サイドにループを追加します。追加したループは、毛束の分かれ目の1つ上の頂点に集約させます。

36. すべての毛束に同じ処理を行います。裏面側も同じようにループを追加します。

37. 右半分に処理を行なった前髪。

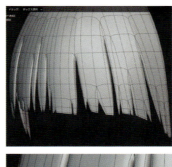

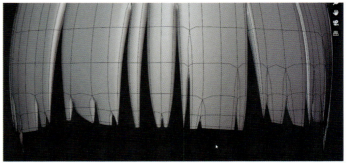

38. 以上の処理をすべての毛束に行えば、前髪の詳細モデリングはほぼ完了です。ライン描画を見て、毛先が丸くなっていないことを確認します。

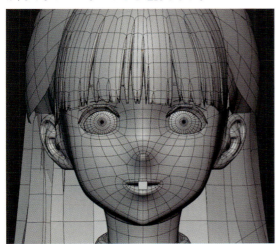

4章 髪の毛・衣服・眼球

39. サイドの結んでいる髪の毛の詳細モデリングを進めていきます。真ん中にある個別の太い毛束と細い毛束をマージしてくっつけます。

40. マージした頂点を少し内側に入れ、凹凸を付けます。内側に入れたエッジを数ヶ所選択して、**[FreeStyle辺マーク]** を適用します。

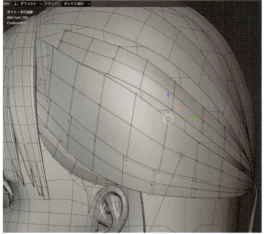

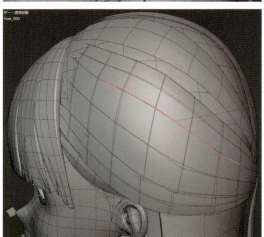

41. 辺マークを適用したエッジが、ラインとして描画されています。

42. 頭頂部にある髪もミラーで分かれていますが、中心でマージしてポリゴンをくっつけます。

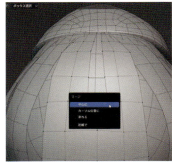

43. 同じく一部のエッジを辺マークします。

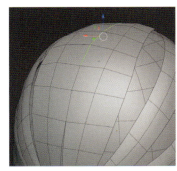

44. 結んでいる髪の毛すべてに [ソリッド化] モディファイアーを追加します。

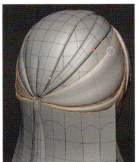

45. ライン描画をして確認すると、厚みを付けたことによって、結んだ髪と髪の間の隙間が目立っているように感じられます。

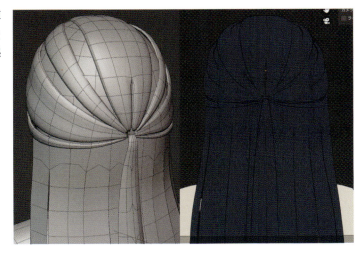

46. 隙間を埋めるため、髪の一部のポリゴンをコピー、隙間に合わせて変形させて埋めます。

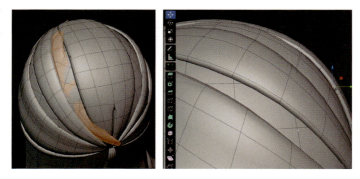

47. 生え際の詳細を詰めましょう。前髪の毛先と同様に、結んでいる髪の生え際にも、ある程度、細かい分割を入れます。

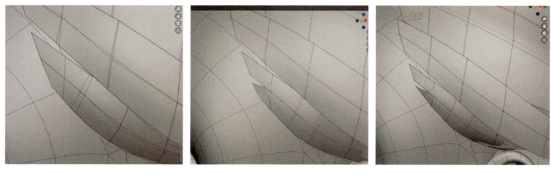

48. 細かすぎるとラインが潰れて見えるので、ある程度、バラバラの太さでカットします。

49. 作成した生え際に合わせて、上の方の毛束の生え際の位置を調整します。

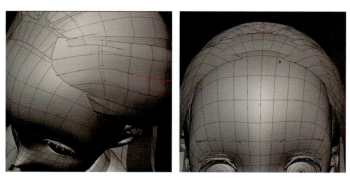

50. 生え際がかなり後ろの方に感じられるので、ポリゴンを伸ばし、全体的に前に持っていきます。

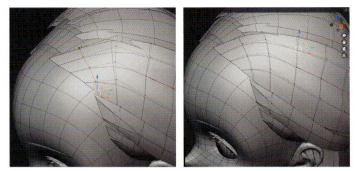

51. 位置を調整する際に、毛束それぞれの重なり方も整理します。

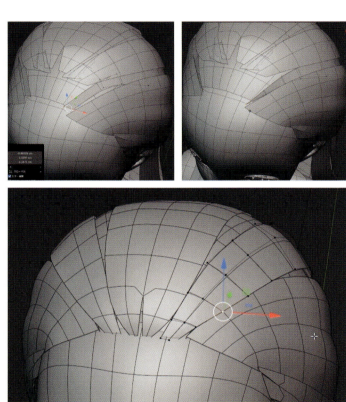

52. 髪を結ぶ際に飛び出した細い毛を作ります。他の毛束から1列分のポリゴンを複製し、頂点編集で細くします。

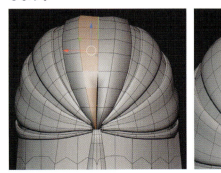

53. 細い毛の位置と角度、カーブの具合を調整します。

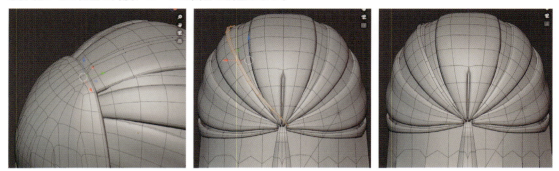

54. 元の毛束よりも少し不規則な位置から生え始めていると良いでしょう。

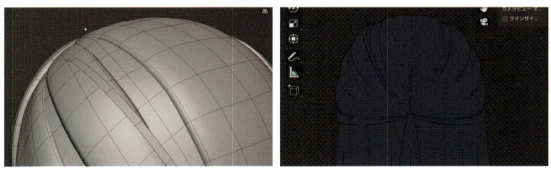

55. 左側にも同じように付け足します。

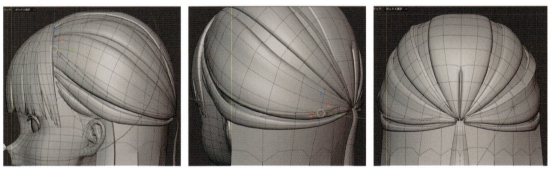

56. 右側にも作成します。細い毛は左右対称でなく、位置や角度、生え始めなどもバラバラにします。

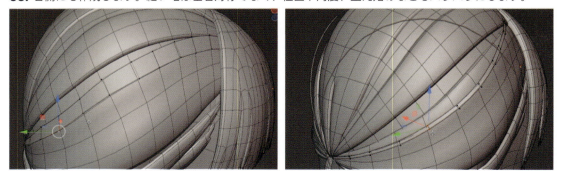

57. 左右対称だった毛束は少しランダムになり、良い感じになりました。

58. 後ろ髪の隙間から後頭部の地肌が見えないよう、髪の毛の下地を作成します。

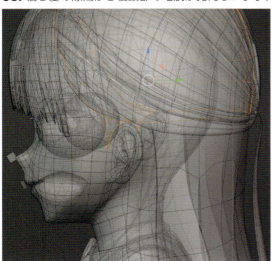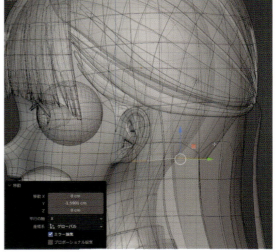

59. 結んでいる髪の下に、既にある半球体のメッシュからポリゴンを襟足付近まで伸ばします。

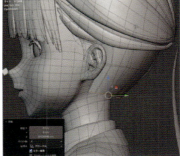

4章 髪の毛・衣服・眼球

60. 何回か押し出してポリゴンを伸ばし、首のシルエットに合わせて変形させます。

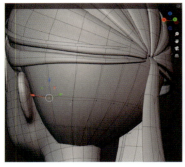

61. ループを追加、真ん中に少しだけ切れ込みを入れます。

62. トポロジーを右図のように調整します。

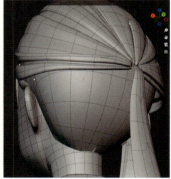

63. 横髪の生え際に細かい毛を1つ追加します。

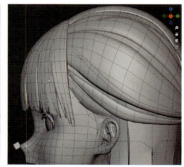

64. 結んでいる髪に［ソリッド化］モディファイアーを追加して厚みを付けたら、両端のポリゴンを削除して空洞にします。

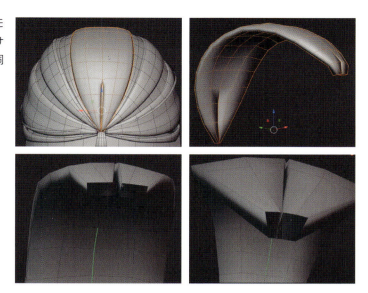

65. 厚みのサイドにループを追加し、**[Set Flow]** などで膨らませます。サイドにループを追加するのはサブディビジョンをかけた際にメッシュが痩せないようにするためです。前髪とは違い、結んでいる髪の厚みを付けた後の対処はこれだけです。

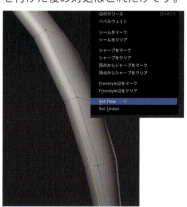  

66. ミラーで左右対称になっている毛束はどちらかの造形を行い、ミラーで逆側も同じ形にします。

67. 他の毛束にも同じように厚みを付けます。

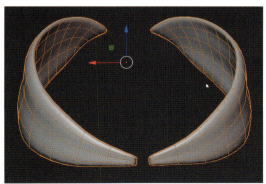  

4章 髪の毛・衣服・眼球

68. 切り込みを入れた横髪には、前髪と同じような処理を行う必要があります。

69. 下の毛束にも同じように厚みを付けます。

70. 少し下に毛が1本垂れて出ている表現を加えるため、ポリゴンを複製して細くし、図のように造形します。

71. 髪の毛上部の厚み付けと詳細モデリングが完了しました。次は後ろ髪に進みます。

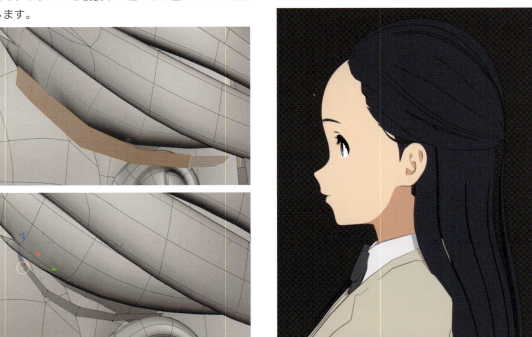

72. 後ろ髪や、後ろから前に垂れている髪など、他の毛束にも［ソリッド化］モディファイアーを追加します。

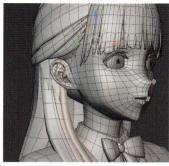
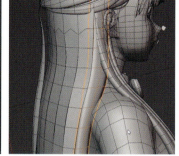
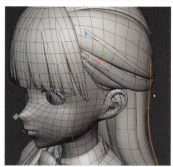

73. 左耳の後ろの毛束の詳細を詰めます。

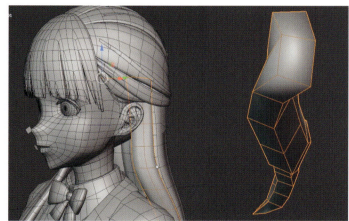

4章　髪の毛・衣服・眼球

74. 髪の毛の角度、ロールを調整します。

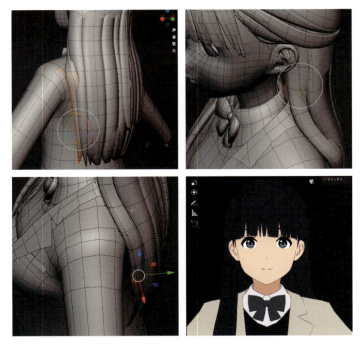

75. 調整したものを右側にミラーコピーし、角度や位置を調整します。

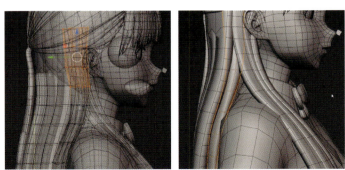

76. 毛先の分割の際に、途中で端に逃がしていたエッジを上までループカットしていき、トポロジーを調整します。

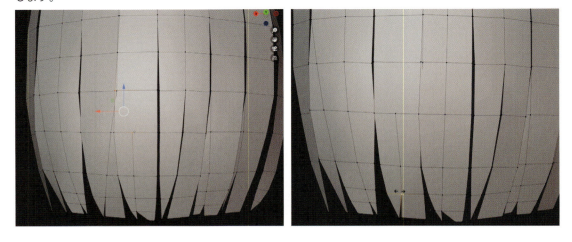

77. 一つひとつの房の中心に1本エッジが通るようにします。毛先の分割の関係で1本以上になる場合は他のエッジに集約させます。

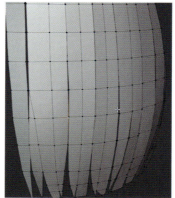 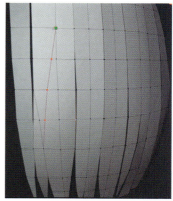

78. すべての房に対して同じ処理を施したら、厚みを付け、前髪と同じように毛先に行くに連れて細くなるように調整します。

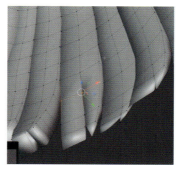 

79. 上のポリゴン1列を削除、髪の付け根辺りの厚みを増やします。

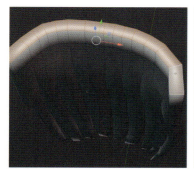  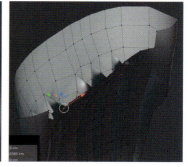

80. 前髪の作成と同じように、毛束間のサイドのポリゴンにループを1本追加して、少し膨らませます。

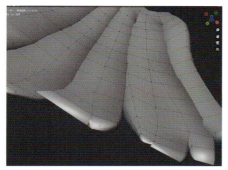  

4章 髪の毛・衣服・眼球

81. 毛先が丸まらないように、サポートエッジを追加します。

82. 右端の髪の角度を調整します。サラサラのストレートヘアなので、あまりバラつきの出ないシルエットにすると良いでしょう。

83. 毛先の分割数を増やし、サポートエッジの処理を行なったら、再度サブディビジョンサーフェスをかけた状態で確認します。

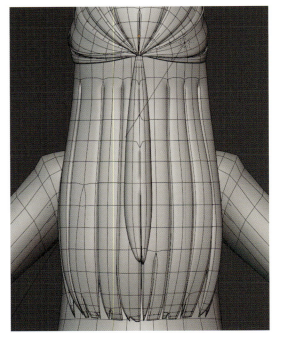

84. 少し横に広がるように膨らませます。また、前髪と同じように、毛先の枝分かれ部分の痩せを防ぐためサポートエッジを追加します。

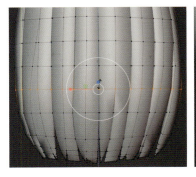
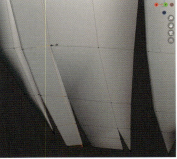
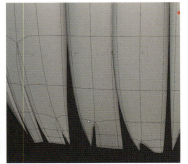

4章 髪の毛・衣服・眼球

85. 図のようにサポートエッジを追加します。

86. 毛先だけでなく、大きい毛束間にもサポートエッジを追加します。

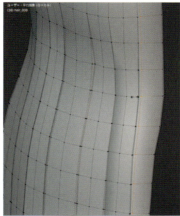
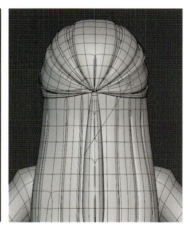

87. ラインの出方とシルエットを確認します。

88. 毛束同士が干渉してラインが汚くなってしまっている部分は、重なり加減を修正します。

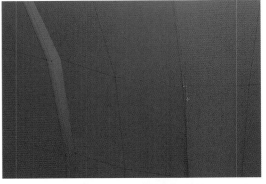
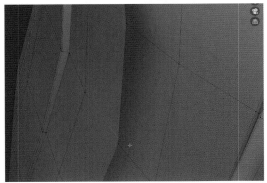

89. 後ろ髪の詳細モデリングが完了しました。図のようなトポロジーになっています。

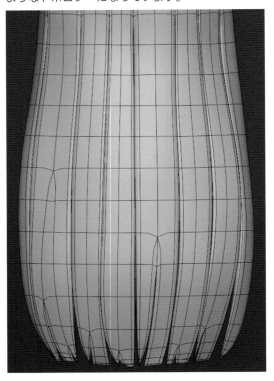

90. ハーフアップで結んでいる髪にも厚みを付けて、詳細モデリングを行います。

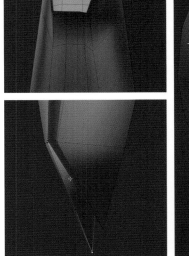

91. 厚みを付けたことにより、内側のポリゴンが内巻きになっているので修正します。

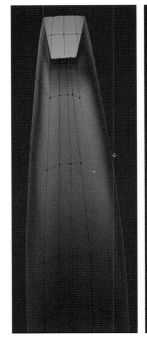
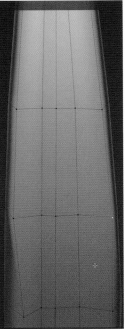

92. 前髪や後ろ髪と同じように、毛先に行くにつれて細くし、サポートエッジを追加します。

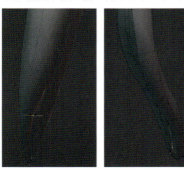

93. 後ろ髪に沿うように、結び髪の角度を調整します。

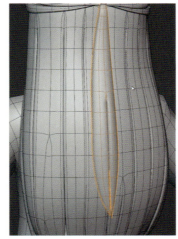

94. シェーダーとラインを描画して、シルエットを確認します。毛先が細くなりました。

4章 髪の毛・衣服・眼球　　213

95. 後ろ髪の内側に、もう一つ髪の層を作りたいので、先ほど作成した後ろ髪のオブジェクトを複製します。その後、1束だけを残すようにまわりのポリゴンを削除します。

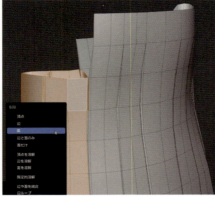

96. 1束だけ残した毛束を、後ろ髪の内側に移動します。

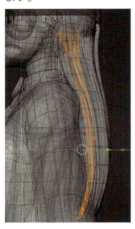

97. 付け根を太くし、後頭部や首の付け根から生えているように調整します。

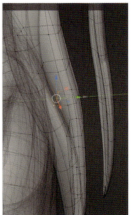

98. 同じように、もう1本毛束を作成し、隣に配置します。

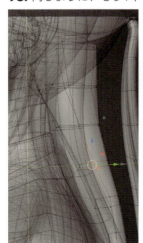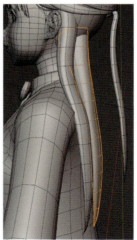

99. 後ろ髪を複製したため、毛先が同じような形をしています。後ろから見て、コピー元と同じような位置にあると違和感が出るので少しずらします。

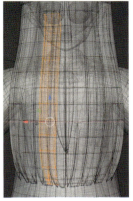
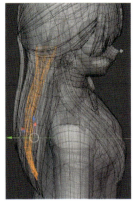

100. 図のような髪の構造になります。

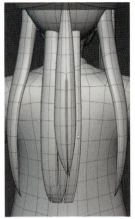

101. 同じように、右側に毛束を増やします。毛束間に隙間があると違和感になるので、間を詰めます。

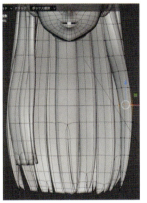

102. 左側は、右側をミラー反転して調整します。

103. ミラーした際に他の毛束と干渉してしまう場合は、[プロポーショナル編集]などで調整します。

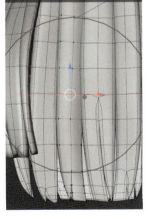

104. 最終的に図のようになりました。後ろ髪に厚みが増え、ボリュームも良い感じになっています。

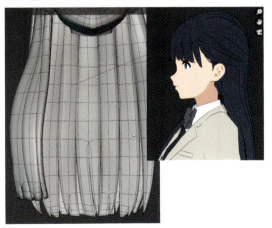

4章 髪の毛・衣服・眼球

105. 髪の生え際のディテールが少し物足りないと感じるなら、髪のベースとなっている球体メッシュに分割を加え、生え際の細かい毛を表現すると良いでしょう。

106. 前に垂れている後ろ髪の毛束の詳細も詰めていきます。

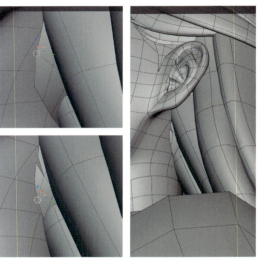
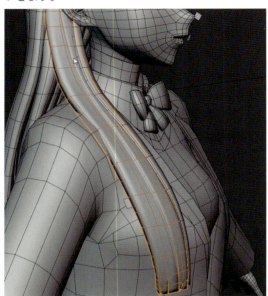

107. 髪の重なりが大きいと動かす際に大変なので、上部は結合して、徐々に分かれていく形に調整します。

108. 前髪や後ろ髪と同じように厚みを付け、毛先の分割を増やし、サポートエッジを追加します。

109. 分割が足りずにカクカクしている部分にはループを追加し、滑らかな曲線になるように調整します。

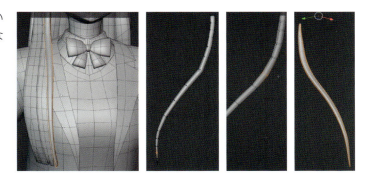

110. 毛先がバラついているので整えます。また、細い毛に少しカーブを加えて、シルエットを調整します。

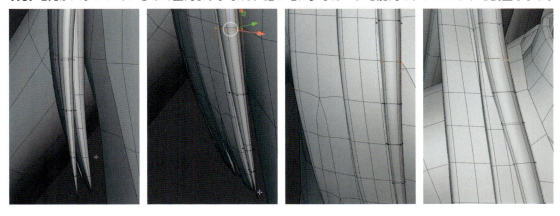

111. 髪全体の造形、トポロジーは最終的に右図のようになります。

112. 結び目に付けるヘアゴムを作成しましょう。トーラスを新規作成します。

113. 作成したトーラスのサイズを調整、複製して、2段にします。

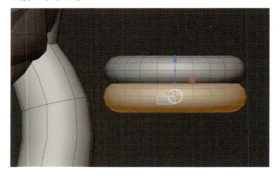

114. 髪の結び目部分に配置し、スケールと角度を調整します。

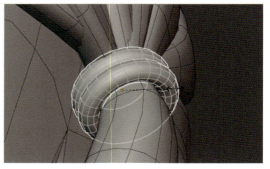

115. ヘアゴムに入っていく毛束の分割が足りず、垂直にヘアゴムに刺さっている印象なので、分割を増やし、自然に結ばれているような形に調整します。

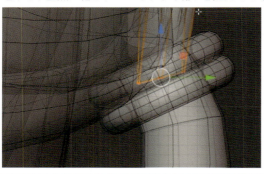

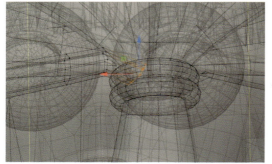

116. 後ろ髪と結び目の境目を下から覗き込むと、隙間が空いているのが分かります。

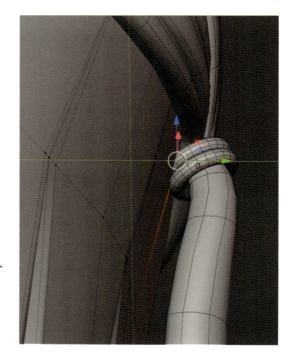

117. 隙間を埋めるため、後ろ髪の上部にループを追加して隙間ができないように修正します。

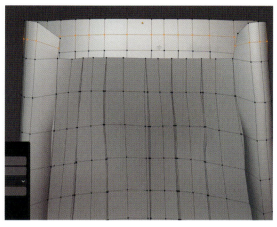
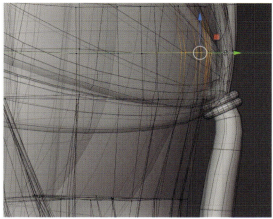

118. リボンを作りましょう。ボックスを新規で作成し、ヘアゴムの後ろに配置します。

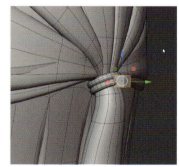

119. まず、大まかに形を作っていきます。次にボックスからポリゴンを複製して、他のパーツも作ります。

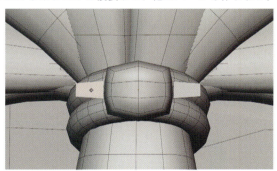

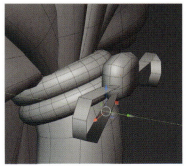

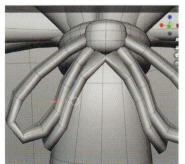

4章 髪の毛・衣服・眼球

120. リボンは、重力に従って垂れている印象にするのがコツです。できるだけ柔らかいイメージにします。

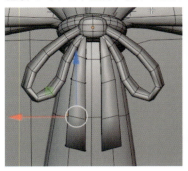 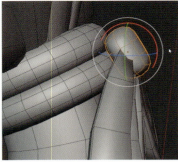 

121. 厚みを付けます。リボンから垂れているメッシュは、左右対称ではなく、どちらかを長くします。

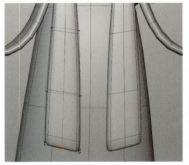  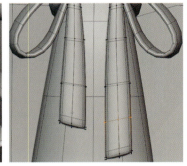

122. リボンの造形ができたら、最後に大きさと角度を調整します。引きで見た際に、違和感のない大きさにしましょう。

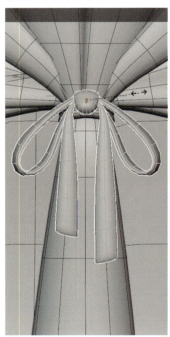 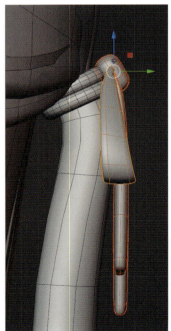 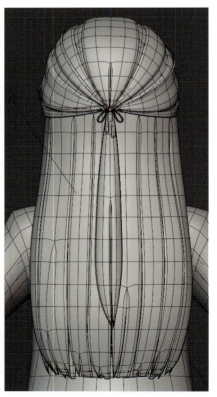

123. リボンのマテリアルを作成して適用します。

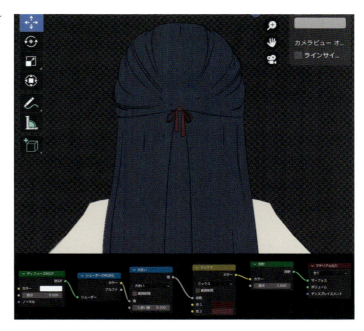

124. もみあげ部分の毛束にも厚みを薄めに付け、サポートエッジを追加して、造形を詰めます。滑らかなカーブになるように、ループを追加すると良いでしょう。

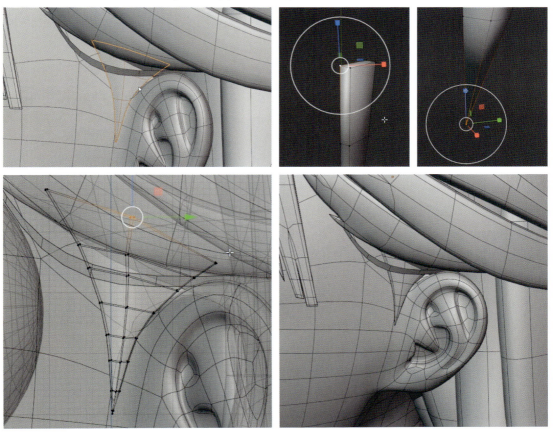

Creative Hint

髪の毛

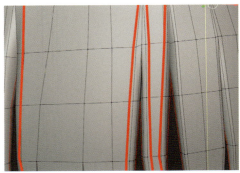
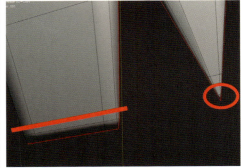

髪の毛の詳細モデリングは「トポロジーの整理」「厚み付け」「サブディビジョンサーフェスに対応するサポートエッジの追加」が主な作業です。詳細をスムーズに詰められるように、ラフモデリング段階から髪のボリューム感やシルエットを整えておく必要があります。

図の**赤線**はサポートエッジを入れている箇所です。基本的にサブディビジョンをかけた際に形が大きく変わってしまい、シェーディングに影響する場合に必要です。前髪は毛束が細かく多いのでトポロジーがごちゃごちゃになりがちです。

エッジを増やし過ぎると、メッシュの表面がガタガタになりシェーディングに影響が出てしまうので、頭頂部にかけてエッジを集約させることが大切です。

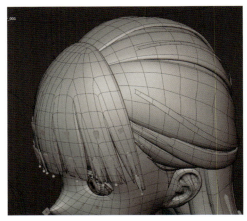
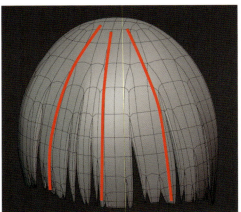

「髪の毛」はエッジが密集しやすいから
ついついポリゴン数が増えちゃうね

サポートエッジも必要だから
頂点を移動させるのが難しいよ…

そうそう

ただでさえ複雑な形をしていることが多く難しいのに
サポートエッジまで入れるとなると
ポリゴンの管理の難易度がすごく高くなっちゃうんだよね

そこで
ラフモデリングの重要性が出てくるね

ラフから少しずつエッジを増やして
シルエットを整えるんだけど

厚みを付けた時には微調整くらいで済むようにできれば
無駄な頂点移動をしなくて済むよ

とにかく

「シルエット」と「トポロジー」を綺麗に整えて
後は「厚み付け」と「サポートエッジ」を入れるだけっていう
イメージで制作していくと良いんだね

そうそう！

厚みを付けた後に大きな修正が必要になったら
1回厚みを消してから平面ポリゴンの状態で
もう1回形を整え直すのも良いと思うよ

4章 髪の毛・衣服・眼球　　223

4. 衣服（詳細）

ラフをもとに衣服の詳細を詰めていきます。衣服のモデリングは、その後の工程（揺れ物のボーンの配置や動かした際のめり込みや破綻の回避）を念頭に置いて進めましょう。見えない部分は削除し、布が重なっていても、結合できる部分はなるべく結合して、動かしやすい構造にします。

上着（詳細）

1. 服で隠れる不要なポリゴンを削除しましょう。まず、切れ目となるポリゴンを数か所削除していきます。

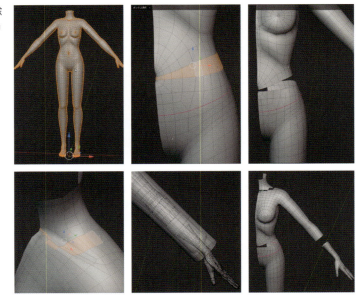

2. 不要な島（ポリゴンのまとまり）を要素選択して削除します（※見えない部分のポリゴン削除は、マスクモディファイアーを使用してもかまいません）。

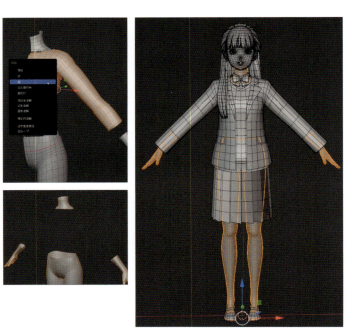

3. セーターの裾に縦ラインを出すための設定をします。裾の縦のエッジを一周分選択、右クリックで**[Freestyle辺をマーク]**を適用します。

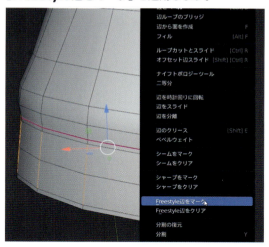

4. 縦のラインが描画されるようになりました。

5. セーターとブレザーの横のエッジの数を揃え、大体同じ位置に来るようにします。

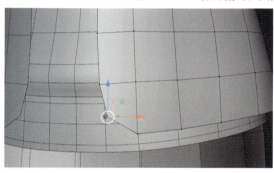
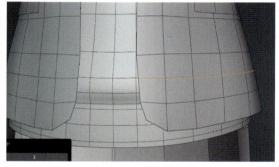

6. セーターのトポロジーを整えます。

7. 襟にあたる部分に白色のラインを2本追加したいので、ループカットで分割します。

8. 白色のマテリアルを作成します。

4章 髪の毛・衣服・眼球

9. 図のように、マテリアルを適用します。

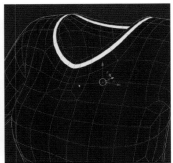

10. 縦のエッジ間がバラバラでまばらになっているので、前後にエッジを追加し、整えます。

11. 腕の上下にも、1本ずつループカットを入れます。

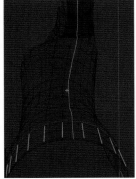

12. 肩まわりにもう少しメリハリが欲しいので、ループを追加して、エッジの間隔を寄せます。

13. 裾の上と胸の下にもループを1本追加し、エッジを揃えます。

14. セーターの胸元のエッジを寄せ、サブディビジョン適用時に、より鋭角になるように調整します。

15. デザイン画のように、白線のループ部分にラインを出すため、エッジを選択して、[**Freestyle辺をマーク**]を適用します。

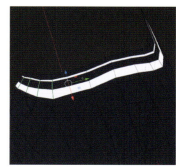

16. 横から見たときに、ブレザーのボタン部分が真っすぐになるよう調整します。

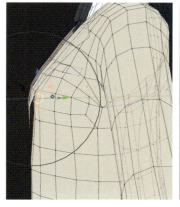
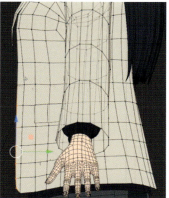

17. ブレザーとセーターのエッジの位置を再度合わせます。

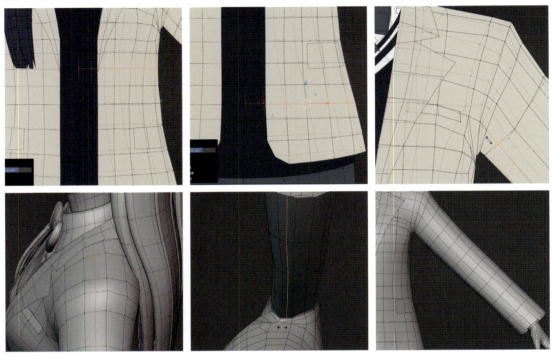

18. 縦のループを追加、ディテールを増やします。

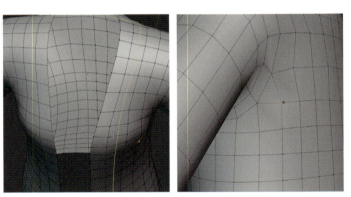

19. 肩部分にループを2本追加、縫製による溝を表現します。

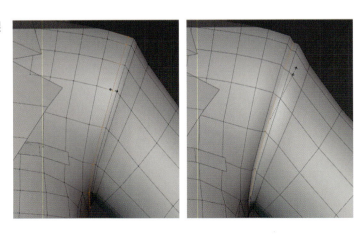

20. サブディビジョンサーフェス適用時の見た目を確認して、ラインが出るようにクリースを設定します。

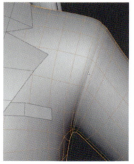
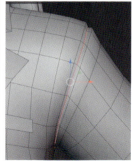

21. 肩にラインが描画されるようになりました。

22. このままだと違和感があるので、一部のエッジのマークを外し、ラインが途切れているような表現にします。

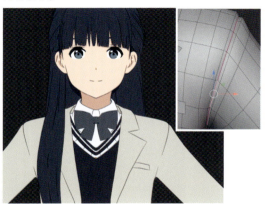

23. 上部をカットして、肩パッドが入っている印象を加えます。

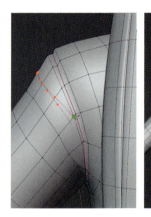

24. 襟の位置をカッターシャツの襟に被さるように上に引き上げます。

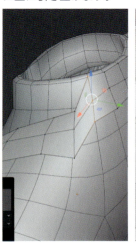

25. 襟は後ろから前にくるにつれて、太くなるように、形を調整します。

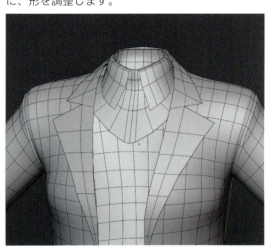

| 4章 髪の毛・衣服・眼球 | 229

26. ［ソリッド化］モディファイアーを追加して、厚みの確認をします。

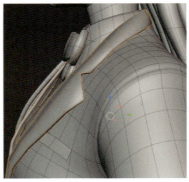 

27. ブレザー下部の丸みのある部分のトポロジーを右図のように変更します。

 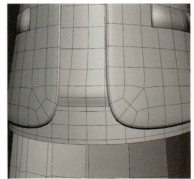

28. 襟を上に引き上げたら、それに合わせてブレザー本体も同じように調整します。

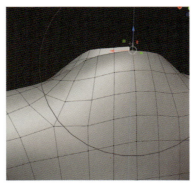 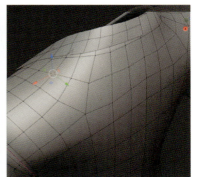

29. 襟の切れ目の凹凸が丸まってしまうので、2枚目のようにエッジを寄せます。

30. 襟の端にループを1本追加します。その後、一旦ブレザー本体と頂点をマージして繋げます。

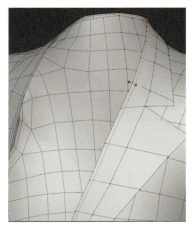

31. 襟の始まり部分は、1つの頂点に集約するように連結します。

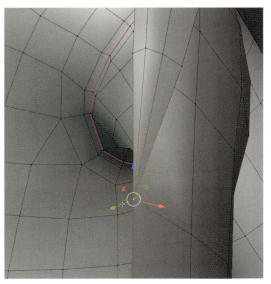

32. ［ソリッド化］モディファイアーと［サブディビジョン］モディファイアーを追加して確認します。

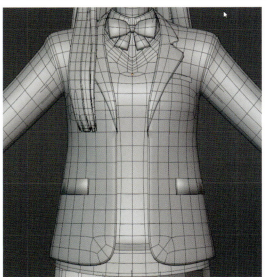

33. 胸ポケットから下のポケット辺りまでラインが出るように、**[Freestyle辺をマーク]** を設定します。

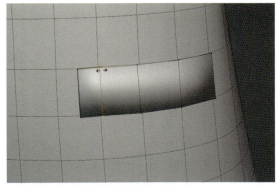
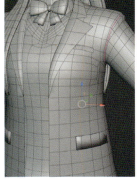

4章 髪の毛・衣服・眼球

34. セーターの胸元のトポロジーを少し下げて修正しました。また、[プロポーショナル編集]などで、胸元の位置を少し下げています。

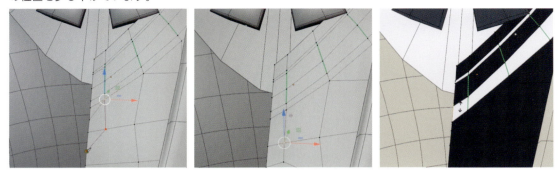

35. 襟の端にループを追加、サブディビジョンをかけても形状が維持できるようにします。切れ目の凹になっている部分は、図のように処理します。

36. 先ほど繋げた襟のエッジを選択し、[V]キーで分離します。

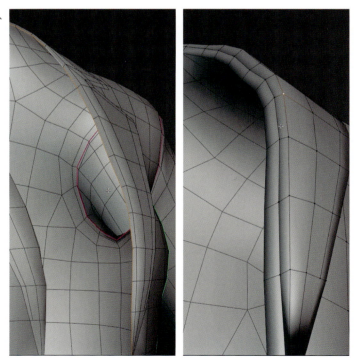

37. 袖の関節にあたる部分（**折れ曲がる想定の部分**）の近くにエッジを追加します。

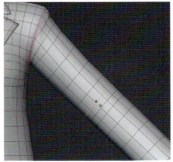
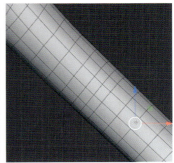

38. 後ろ側から見て袖の中央部分のエッジをいくつか選択、切れ込みを入れます。その後、[ソリッド化] モディファイアーを適用します。

39. 少し見づらいですが、襟の形（トポロジー）に沿うようにブレザー本体にナイフツールでカットを入れます（**襟の一番外側から2番目のループに合わせてカット**）。なぜなら、後の工程で襟の裏側を削除し、ブレザー本体に付いている構造にするためです。

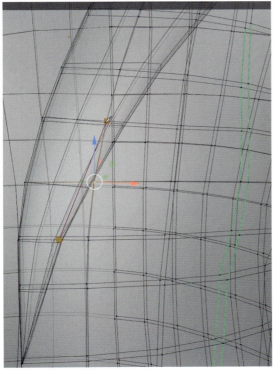
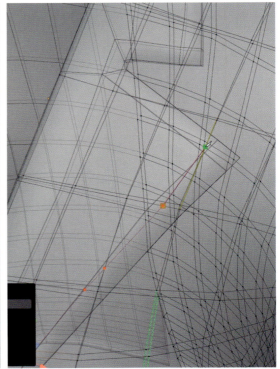

40. 襟の形になるようにブレザーをカットします。

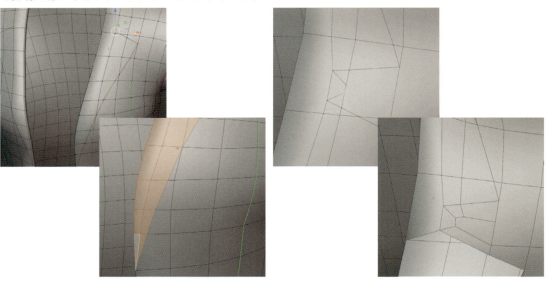

41. 首の後ろ側までカットしたら、襟の形のポリゴンを削除します。

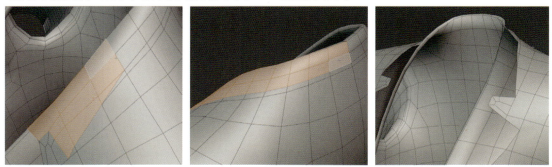

42. 襟に［ソリッド化］モディファイアーを適用し、裏側のポリゴンを削除します（※**一番外側のポリゴンループは残す**）。

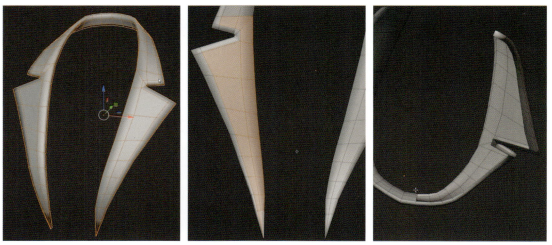

43. 襟の頂点をブレザー本体に結合します。

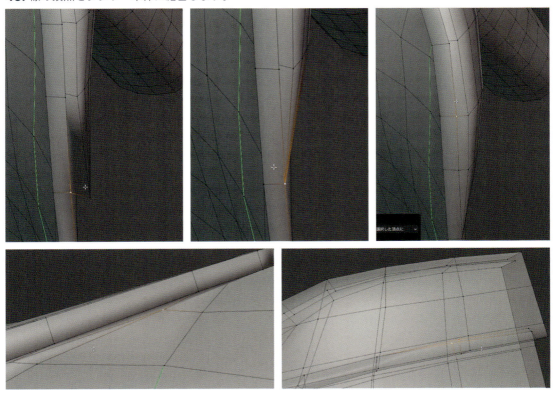

44. すべての頂点が結合しているのを確認します。

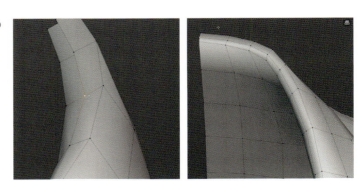

45. 襟の始まりは、サブディビジョンをかけると丸まってしまうので、集結しているエッジをすべて選択、クリースをかけます。

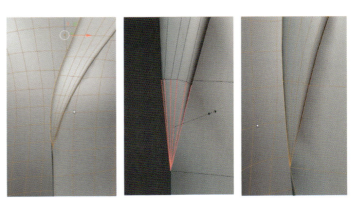

4章 髪の毛・衣服・眼球

46. ブレザーの厚みの外側のエッジも一周分選択、クリースをかけます（※ピンク色のエッジ）。

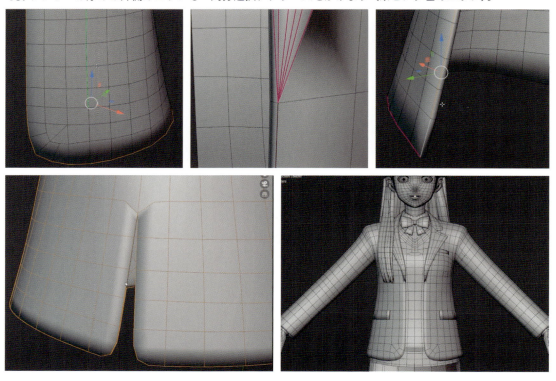

47. 襟の一部のポリゴンを**[H]キー**で一旦非表示にし、襟の下（繋ぎ目）部分にも一周分のサポートエッジを作成します。

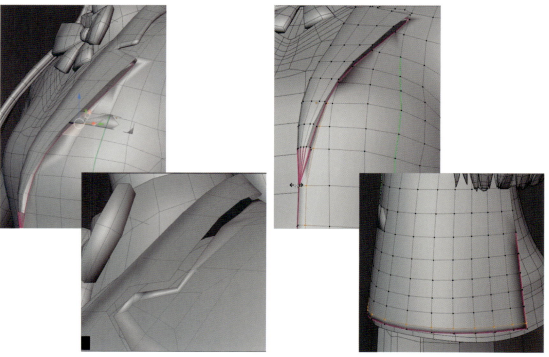

48. ナイフツールでカットします。

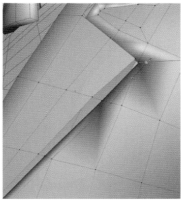

49. 三角ポリゴンができないようにトポロジーを整理し、**[H] キー**で非表示にしていたポリゴンを **[Alt] + [H] キー**で表示させます。

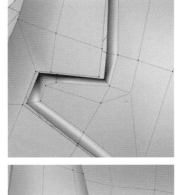
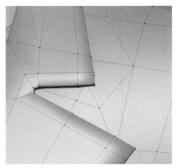
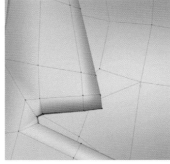
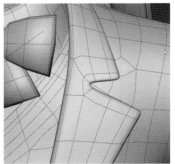

50. ブレザーの後ろ側の切れ目にもサポートエッジを入れます。

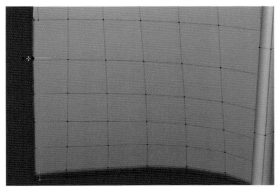
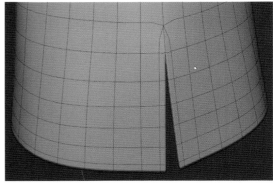

4章 髪の毛・衣服・眼球　　237

51. サポートエッジを入れることにより、角が丸くなったり、厚みが薄くなる問題を解決しました。

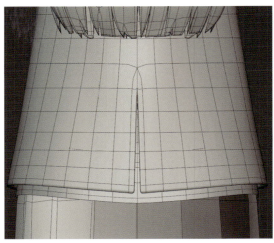

52. ポケットの位置にナイフツールでカットを入れ、ポケットにあたるポリゴンを押し出しします。

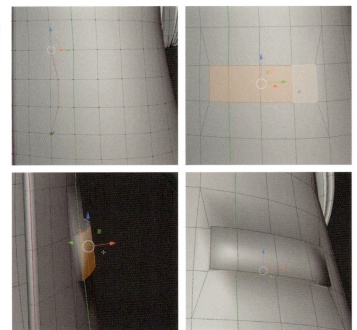

53. ポケットのまわりのエッジにクリースをかけます。

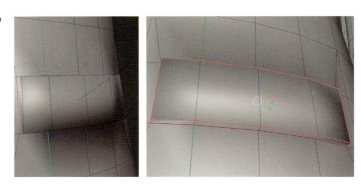

54. ポケット上部の手前のエッジを少し下に下げ、なだらかにします。

 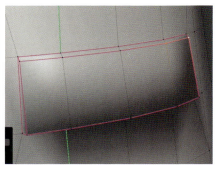

55. サブディビジョンをかけても形が崩れないことを確認します。

56. ポケットの位置がやや上に感じたので、少し下げます。

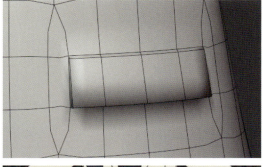 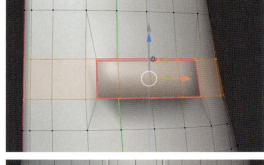

 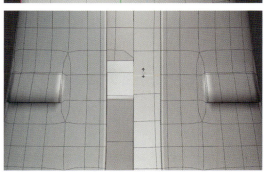

57. 腕の切れ目を調整しましょう。上に重なる側のポリゴンを押し出し、少し重ねます。切れ目の始まりで頂点を結合します。

58. 重なりの下側も同じように押し出し、始まりの頂点は押し出す前の頂点に結合します。

59. この図はサブディビジョン適用時の見た目です。角が丸まっています。

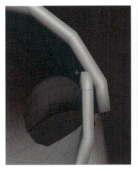
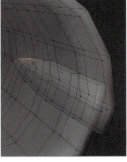
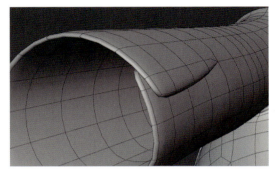

60. 一旦、ラインを描画して確認します。切れ目のラインが少し長く、カーブを描いています。

61. 切れ目を短くするため、始まりのポリゴンを削除、結合して、始まりの位置を少し下げます。また、袖の末端にサポートエッジを追加します。

62. 切れ目の始まりのエッジを複数選択、クリース設定をします。

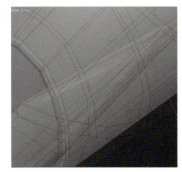

63. ラインを描画して確認します。切れ目のラインが短くなり、カーブが軽減されました。

64. 横から見ると、隙間が少し開き過ぎているので、調整します。

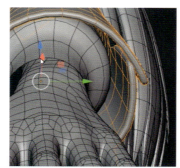
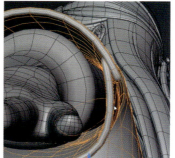

65. 袖の中身のポリゴンは、肩辺りと袖の途中でカットし、削除します。

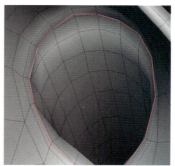

66. ポリゴンを削除したことによって、空いた穴を少し閉じます。セーターとの隙間で空洞が見えないようにします。

67. 肩側の穴も少し閉じます。

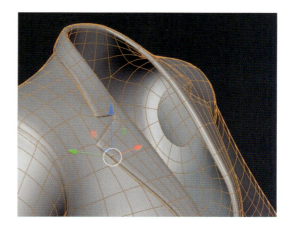

4章 髪の毛・衣服・眼球　　241

68. 仮置きの胸ポケットの形にブレザーをカット、ポリゴンを押し出し、胸ポケットを作成します。

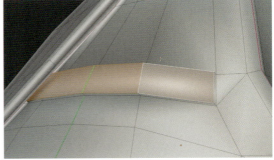

69. 胸ポケットの下部分の頂点は、押し出す前の頂点に結合します。

70. 胸ポケットのまわりのエッジにクリース設定、[**FreeStyle辺マーク**]を適用します。

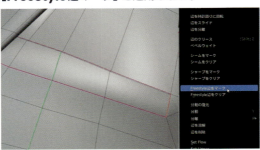

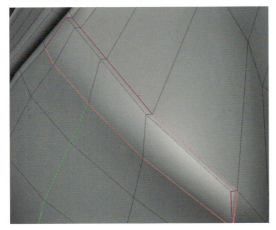

71. ラインを描画すると、図のようになります。

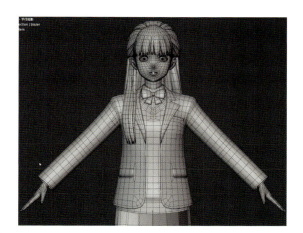

エッジに「辺マーク」を適用することでエッジを描画することもできるんだね

左右非対称のモデリングは後戻りができない気がして億劫になっちゃうね…

ホント 左右非対称のデザインのモデリングをするときはモデリングの順序をちゃんと考える必要があるからむずかしいよ

何度経験しても億劫になっちゃうね

スカート（詳細）

1. スカートの凹凸と凹凸の間にループを1本追加します。

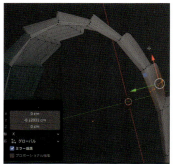

2. ループを全周分追加します。

3. 凹凸を作っているエッジ2本を選択、クリースをかけます。

4. サブディビジョン状態でも、クリースをかけた凹凸の段差の形状は維持されています。

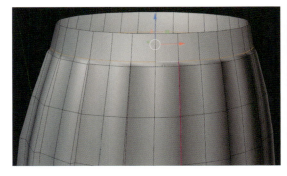

5. すべての段差に対して、同じように処理をします。

上履き(詳細)

1. 上履きの詳細を詰めます。

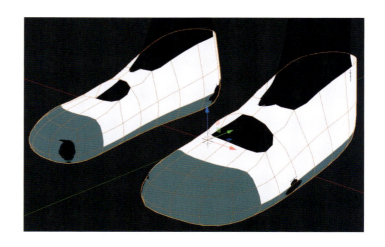

2. 各部にループカットを入れ、ディテールを増やします。

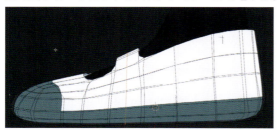
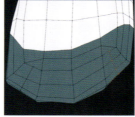
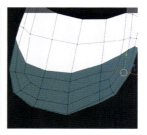

3. 丸みを作ったときに親指が出てしまう場合は、親指側を少し引っ込めます。

4. 緑色のゴム質部分を押し出し、厚み(段差)を作ります。段差ができたら溝部分のエッジにクリースをかけ、サブディビジョンで造形を整えます。

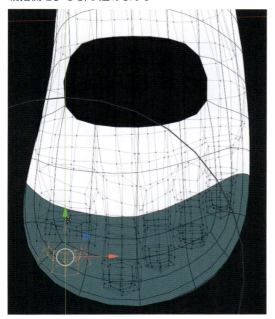
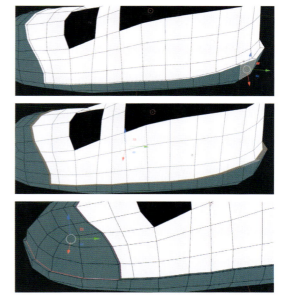

5. つま先を少しだけ上に反らせます。ループを増やした分、トポロジーが崩れやすいので、スケールなどで整えましょう。

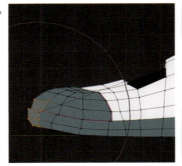 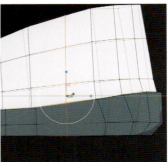

6. 靴の底面も平らにし、「底」になるまわりのエッジをループ選択、クリースをかけます。

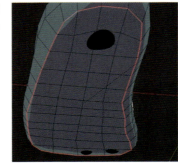 

7. 穴が空いている部分では、ポリゴンをループ選択できるように、トポロジーを調整します。

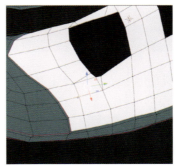 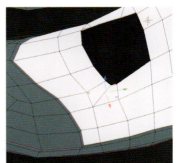

8. 底面の外周にサポートエッジを追加します。

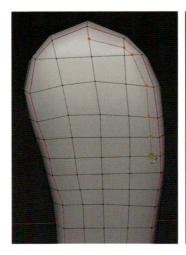 

9. 三角ポリゴンを回避しつつ、つま先の分割数を増やします。

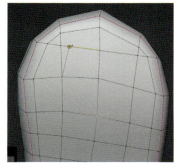 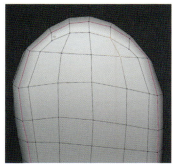

10. 上履きのシルエットは足の形を考慮しながら、実物の写真等を参考に調整します。

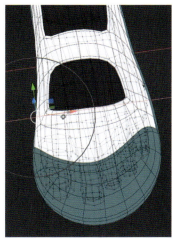 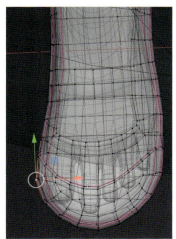

11. 上履きに［ソリッド化］モディファイアーを追加、厚みを調整したら適用します。

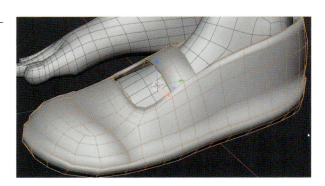

12. 足によって見えなくなる部分を削除します。図のように靴の中のエッジをループ選択、**[V]キー**でエッジを分離します。

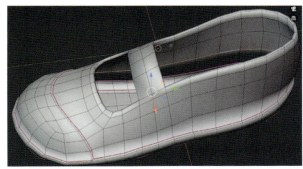

13. 中の不要なポリゴンを要素選択（**[L]キー**）で選択、削除します。

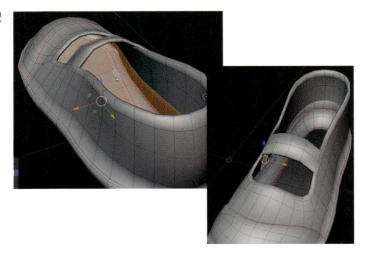

14. エッジをループ選択してスケールをかけ、穴を小さくします。

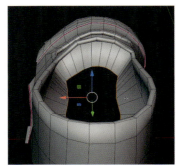 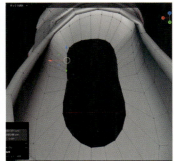

15. かかとにあるリングを作成します。まず、ナイフツールでカットします。

16. 上面のポリゴンを2つ選択、上方向に押し出します。

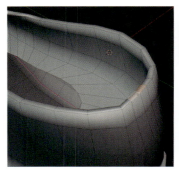 

17. ナイフツールでカットしたかかとのポリゴンを選択、押し出します。

18. 17で押し出したポリゴンの上面のポリゴン2つを選択、上方向に押し出します。押し出した先端のポリゴンを削除し、先に押し出したポリゴンと接合します。

 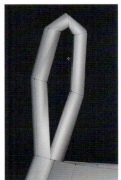

19. サブディビジョンをかけると造形が甘くなってしまうので、例にならって、エッジを立たせたい部分にクリースをかけます。

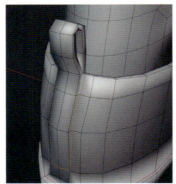 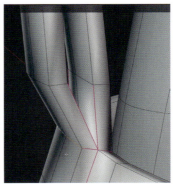

20. リングの側面にもループを追加、少し膨らませます。

4章 髪の毛・衣服・眼球

21. かかとのリング部分の造形を修正します。ナイフツールでカットした部分を途中で止めていましたが、かかとの裏まで伸ばしました。

22. 図のように、ゴム部分の造形がぬるくなっているので、トポロジーを変えて修正します。

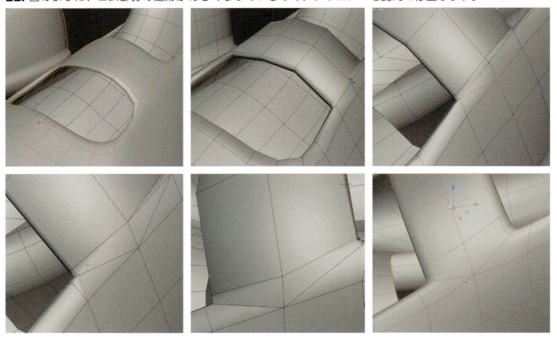

23. 上履きの詳細モデリングが完了しました。

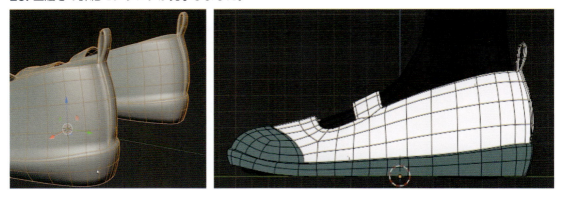

リボン（詳細）

1. 胸リボンの詳細を詰めていきます。

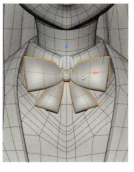

2. 輪郭付近にサポートエッジを追加します。

3. ループを追加、ポリゴン数を増やして、形を整えます。

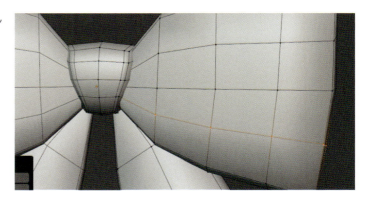

4. リボンの端は薄く、中央部分が膨らんでいる形を意識して造形します。

5. 下から出ているリボンも端は薄く、中央部は膨らんでいる形にしましょう。

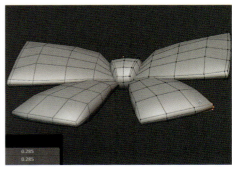

6. 端にサポートエッジを追加、サブディビジョン状態で確認します。

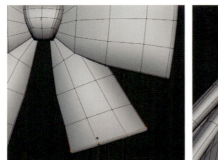
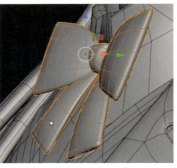

7. デザイン画では、もう少しシルエットにメリハリがあるので、モデルも、シルエットのエッジが立つように調整します。図のようにカドを立たせたい部分に分割を追加します。

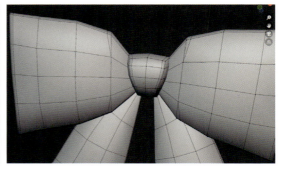

8. リボンの詳細モデリングが完了しました（「しわ」は後ほど作成します）。

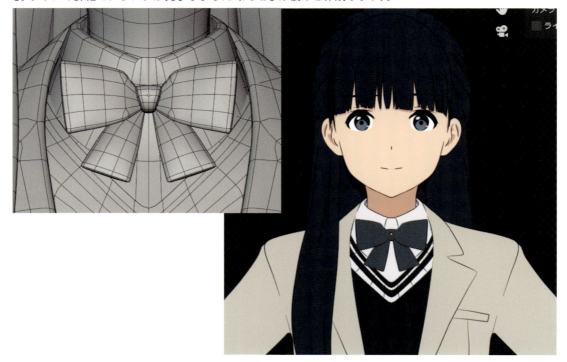

ボタン（詳細）

1. 球体を新規追加し、Y軸方向にスケールで潰します。

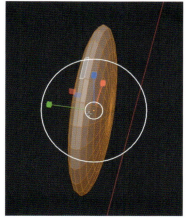
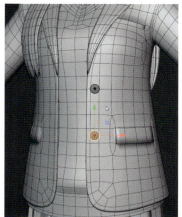

2. ボタンのマテリアルを作成して、メッシュに適用します。

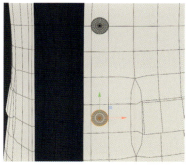

3. ブレザーの袖部分にも3つ並べて配置します。

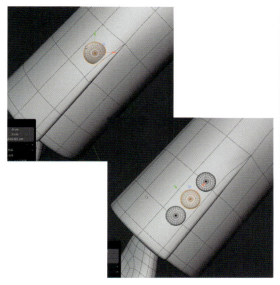
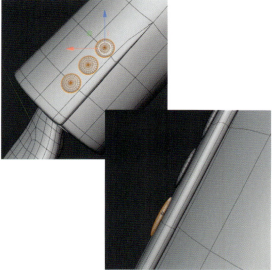

4. セーターのブレザーで隠れる部分のポリゴンを削除します。

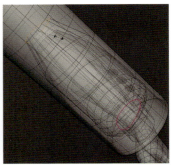

5. セーターの袖部分にディテールを追加します。最も凹んでいるエッジにクリースをかけ、ループを追加、丸みを加えます。

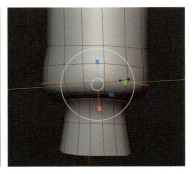

6. ビューポートでラインを描画してシルエットを確認します。

衣服の詳細モデリングは
いろいろな形があって
規則性がない分 構造やトポロジーを
考えるのがむずかしいね

サポートエッジと
クリースの
使い分けも大変だ…

確かにいろいろなデザインがあるから
多くのモデラーが頭を悩ませながら
作っているよ

正直 衣服のモデリングはいろいろな形状を
作って経験を積むしかない部分はあると思う

「もっと良いトポロジーがあるんじゃないか」って
ひたすら追及するのも醍醐味の1つだからね

服のしわ

1. しわにしたい形を想像しながら、ポリゴンに大胆にカットを入れます。

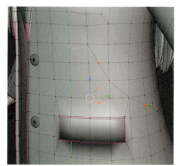 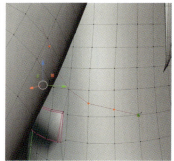

2. 割ったエッジに沿って、上か下に同じようにカットを入れます。

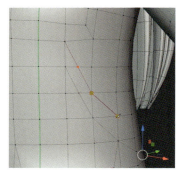 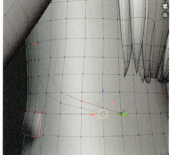

3. 真ん中に1本ループを追加する前に、邪魔なエッジを削除します。

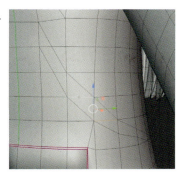 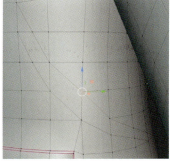

4. 真ん中にループを追加したら、「山」になるように頂点を移動します。

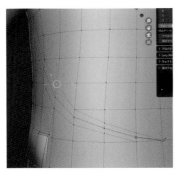
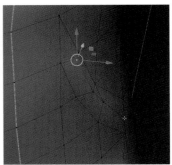

5. しわを構成するポリゴンには、できるだけ三角ポリゴンを含ませたくないので、トポロジーを調整する必要があります。

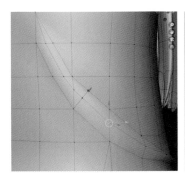
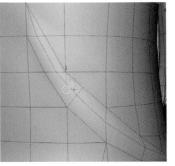

6. 「山」になったエッジの上部にもう1本ループを追加、今度は「谷」になるように頂点を移動します。「谷」にしたエッジにはクリースをかけます。

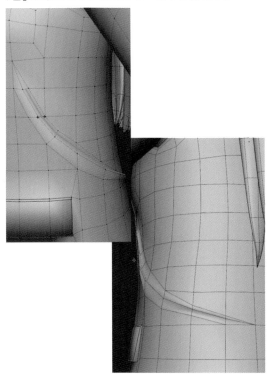

7. 大袈裟に「山」と「谷」を作れば、サブディビジョン状態で綺麗なしわに見えます。思いどおりのしわを1つ作成したら、次のしわを作成した際に作り直せるように、毎回、別名でデータを保存しておくことをお勧めします。

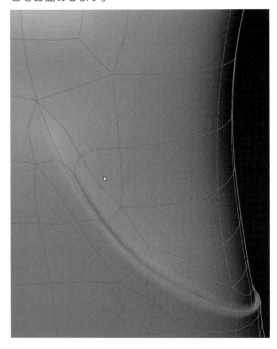

8. ラインを描画して、確認します。

9. 右脇の下部にもしわを作ります。しわの位置、形、長さはお好みでかまいません。

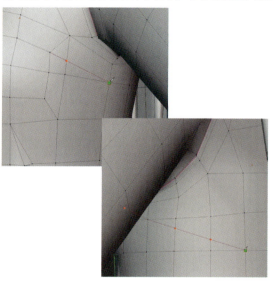
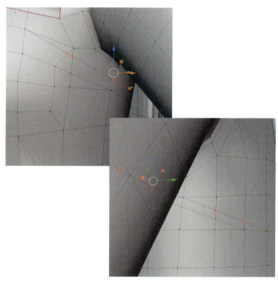

10. 同じように「山」を作ります。

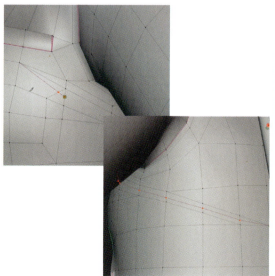
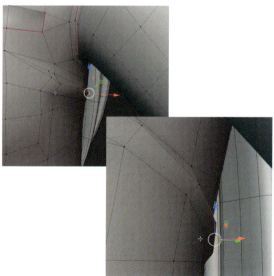

11. 「谷」を作り、クリースをかけます。

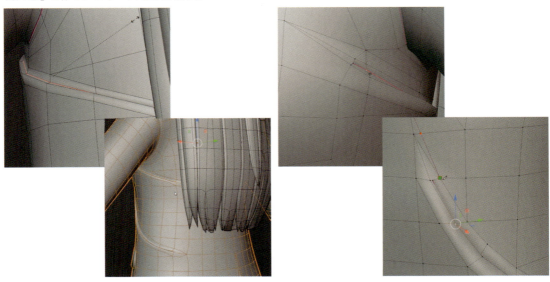

12. ラインを描画しながら、一つひとつのラインの見え方を細かく調整します。

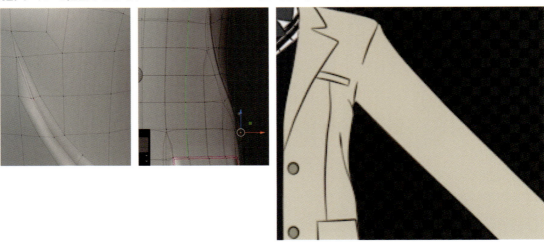

13. 左側にも同じ手順でしわを作成します。

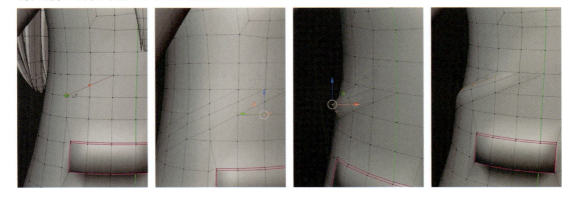

14. 慣れないうちは左右対称でもかまいませんが、しわの形や位置を少しずらしたり、左右非対称にすると、CG感が軽減されます。

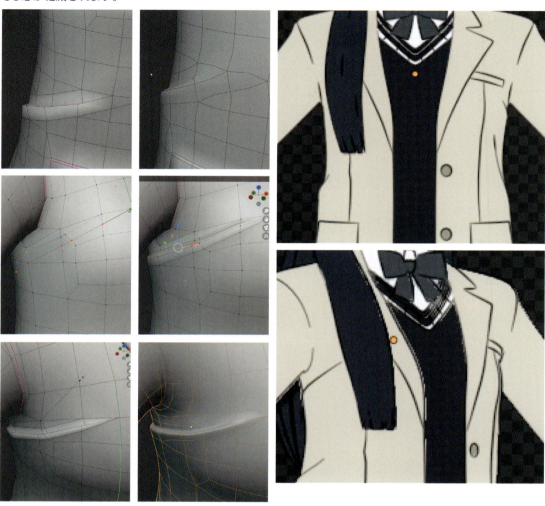

15. 腕（袖）にも同じようにしわを作成します。今回は、腕を下ろしたときに自然に見えるようにしています（腕を曲げたときや、上げたときに自然に見えるようにしても良いでしょう）。

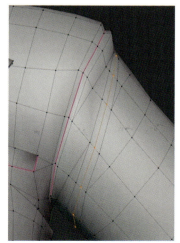

4章 髪の毛・衣服・眼球

16. ブレザーはある程度しっかりした素材なので、「山」と「谷」の段差感が出過ぎないようにします（ブレザー袖のしわ作りのコツ）。

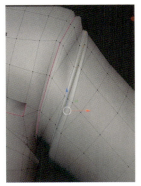   

17. 同じように、1つ目のしわのすぐ下辺りに2つ目を作成します。

18. 正面から見ると良い感じですが、斜めから見るとラインの長さが同じで、少しうるさく感じます。

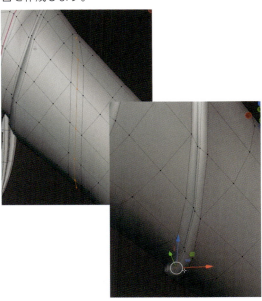 

19. 2つ目のしわの長さを少し短くし、斜めから見たときの印象を調整します。

20. 修正後のライン描画。

21. 後ろ側から見てもラインが見えるように、しわを伸ばします。1つ目のしわを伸ばしても、新しく作成しても良いでしょう。

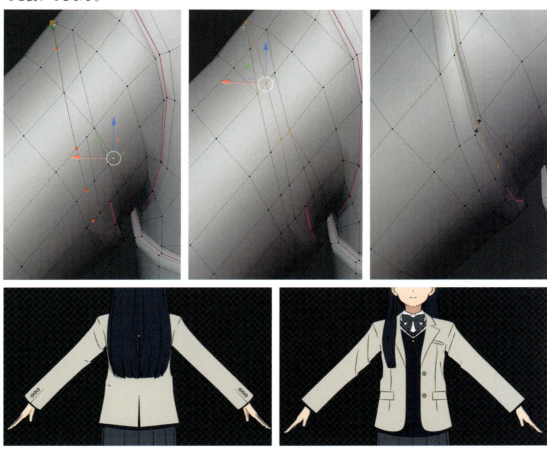

22. 斜めから見たラインの描画が気に入らなかったので、長さを修正しました。

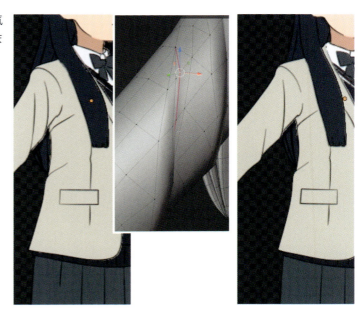

23. 左右の上腕のしわができたら、前腕のしわも作成します。

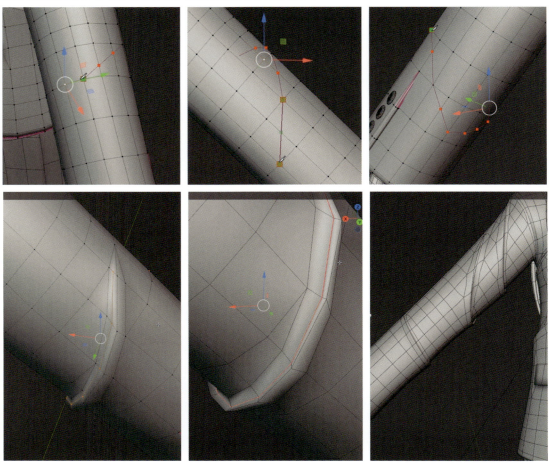

24. ブレザーのしわをすべて作成しました。

リボンのしわ

1. 胸元のリボンにもしわを作成します。

2. 基本的にブレザーと同じですが、リボンの場合は、「山」でなく「谷」を作ってしわにします。

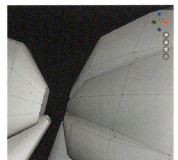

3. 横や斜めから見て、立体的に見えるように「山」となっているポリゴンを少し膨らませ、フワフワとした見た目を作ります。

4. 下のリボンにもしわを作成します。

5. リボンのしわができました。

6. サブディビジョン状態でも違和感のないように、真ん中の結び目のトポロジーを調整します。

7. 丸みが強すぎるので、前後に潰して、少し平らな形に調整します。

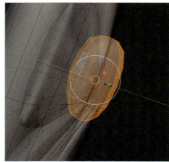
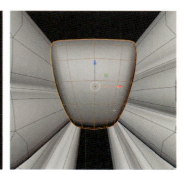

8. 襟の中に紐が通ってリボンの結び目に繋がっているような造形、配置にします。角度によっては見えない部分なので、襟の中に差し込んだ状態にしています。

9. リボンの詳細モデリングが完了しました。

襟(詳細)

1. 襟のモデリングを詰めます。まだ薄い板ポリの状態なので、厚みを付けていきます。

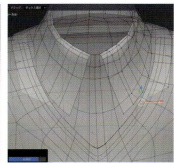

2. トポロジーを整理します。セーターの分割数と同じ数になるようにエッジの割りを合わせます。

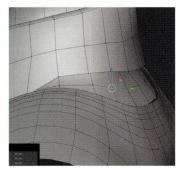
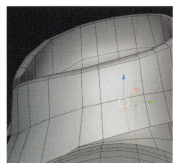

3. 襟の内側と外側、横のエッジの位置と数も、ある程度合わせます。

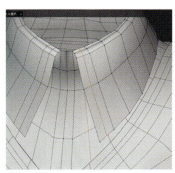
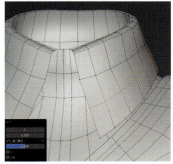

4. 襟の内側のポリゴン数が少ないので、ループカットで増やします。その後、襟の始まりとなるエッジを分離します。

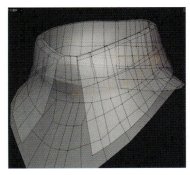

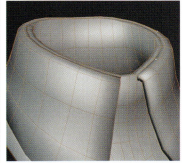

5. [ソリッド化] モディファイアーを適用し、襟の接合部分のポリゴンを削除します。

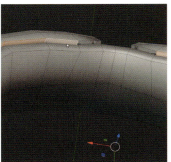

6. シャツ側のメッシュの裏側は見えない部分なので、ポリゴンを削除します。

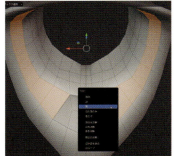

7. ポリゴンの隙間が見えないように削除した部分のエッジを中心に縮小しておきます。

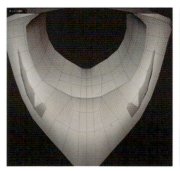

8. シャツと襟のメッシュを結合します。

9. すべての頂点を結合します。

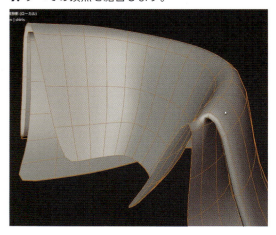

4章 髪の毛・衣服・眼球

10. 襟の裏側は奥までポリゴンがある必要がないので、一番下の一周分を残して削除します（※この部分は分かりにくいので、動画をご参照ください）。

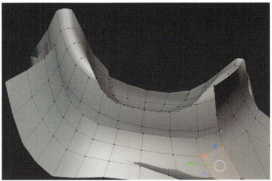

11. 襟の前側はリボンの紐を通するため、少し裏側を残しておくと良いでしょう。

12. 裏側のポリゴンも接合します。

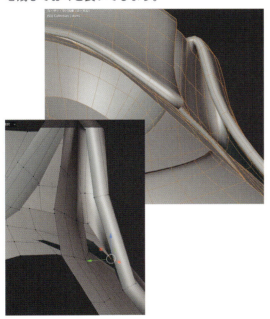
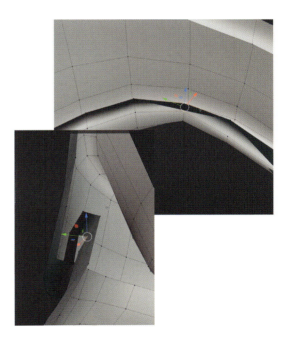

13. 接合したポリゴンの中央にループを追加します。

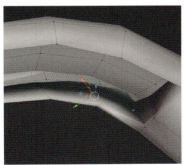
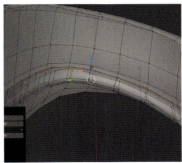

4章 髪の毛・衣服・眼球　　267

14. 襟の厚み部分にもループを1本追加します。外周のエッジにクリースを適用します。

 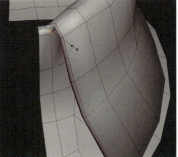 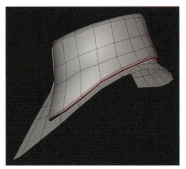

15. 横のエッジが少なく感じるので、ループを追加して滑らかなメッシュに調整します。

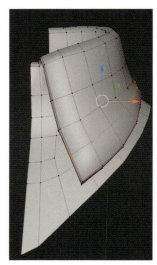 

16. 角のエッジにもクリースを適用します。

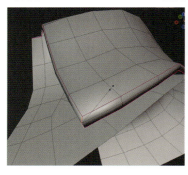  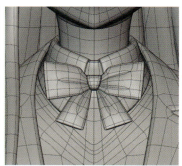

17. デザイン画の前面にあるシャツのボタン留め部分を造形していきましょう。

18. ポリゴンを選択して押し出します。右側は段差をなくしたいので、押し出しでできた段差の頂点を結合します。

  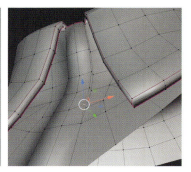

19. 左側の厚み部分のポリゴンを選択、押し出します。

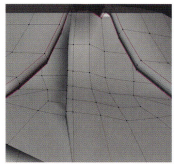 

20. 押し出した部分の四辺のエッジにクリースをかけます。デザインを見ると、右側にもラインが描画されているので、エッジを選択して、クリースと[**FleeStyle辺のマーク**]を適用し、ラインを描画します。

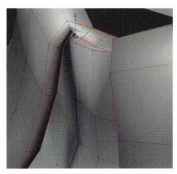 

21. ラインが出ていることを確認します。これで、襟の詳細モデリングが完了しました。

セーター（詳細）

1. セーターに厚みを付け、襟のメッシュと結合します。まず、セーターに［ソリッド化］モディファイアーを適用します。

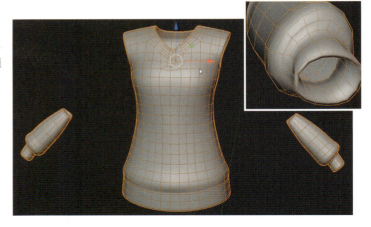

2. 裏側のポリゴンは不要なので、削除していきます。首まわりの裏側のポリゴンを1周分削除します。

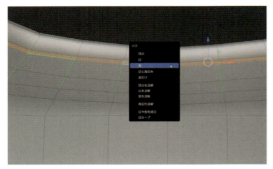

3. 腰まわりは、少し上の方で一周分削除します。

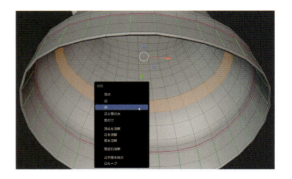

4. 首まわり、袖まわり、腰まわりのポリゴンを1周分削除したら、残りの中身のポリゴンを要素選択で一気に削除します。

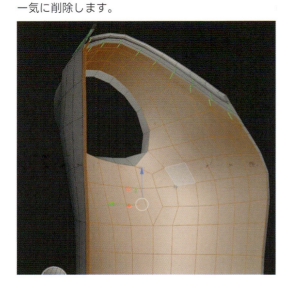

5. 袖の裏側もある程度の所まで削除します。

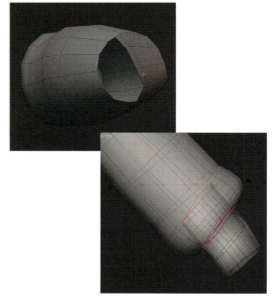

6. 袖の中身は、奥で窄めておきます。

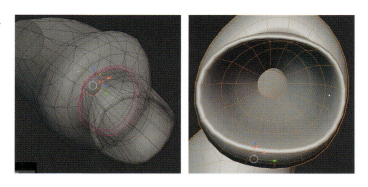

7. 袖の端が丸まらないように、サポートエッジを追加します。

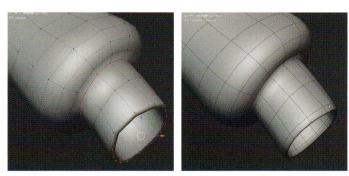

8. 腰まわりも同じように窄めておきます。

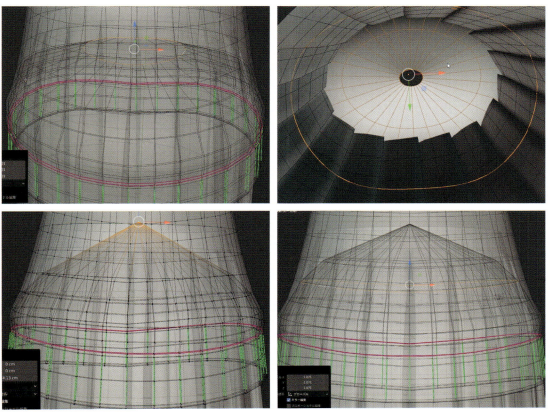

9. 襟のメッシュとセーターのメッシュを結合します。

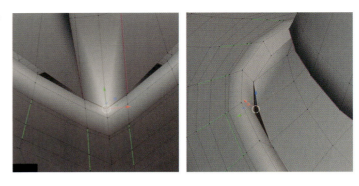

10. 結合した部分のエッジにクリースをかけます。

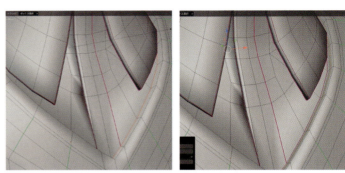

11. 以上で、襟とセーターの詳細モデリング・結合が完了しました。

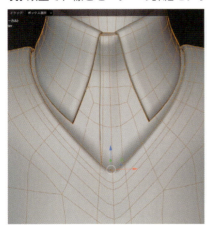

スカートの仮テクスチャリング

1. 全体のモデリングの確認のため、スカートに一旦テクスチャを貼り付け、印象を見ましょう。まずエッジのシームをマークします。

2. 腰まわりのプリーツの境界にもシームをマークします。シームをマークした部分はオレンジ色のエッジで表示されます。

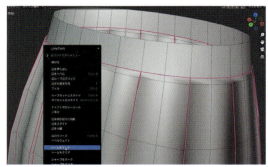

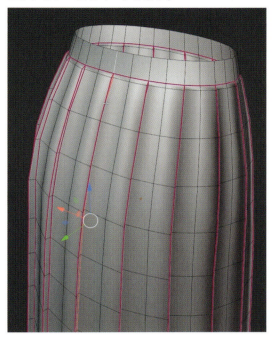

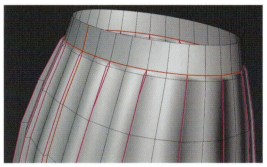

3. 画面上部のタブで［UV編集］を選択すると、UVが格子状に展開されているので、一つひとつの頂点を揃えます。

4. 横の頂点も綺麗に揃えます。

4章 髪の毛・衣服・眼球

5. 腰まわりのポリゴンはUVが分かれているので、同じように頂点を平行に綺麗に揃えます。

6. スカートのマテリアルにテクスチャノードを差し込みます。スカートにテクスチャが反映されました。

7. 図のようにノードを繋ぎます。

8. 影のテクスチャも読み込み、差し込みます。

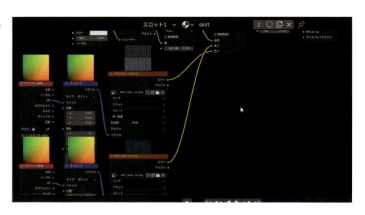

9. 腰紐部分のUVは、少し左右にずらします。

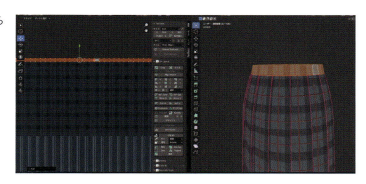

10. さらに縦に拡大します。

11. 位置をずらし、拡大したことで、プリーツ部分とは異なる布のような見た目になります。

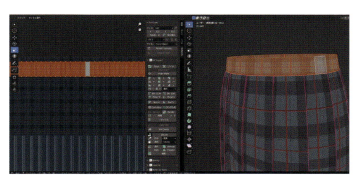

12. スカートの模様を拡大してよく見ると、プリーツの始まりの三角ポリゴン部分のテクスチャが乱れています。

13. プリーツの始まりの1つ下のエッジにもクリースをかけることで、歪みがなくなりました。

14. 以上で、スカートにテクスチャを適用することができました。

さっき適用したスカートの模様は「仮のモノ」だから 後の工程の「UV展開とテクスチャ」で再度調整するよ

後でまとめて
適用しても良いのかな

それでも
良いんだけど

**できるだけデザイン画に近づけるために
ここで一度模様を追加して
スカートの印象や全体のバランスを調整するんだ**

この辺りは順序が
前後するからややこしいね

そうだよね…

「モデリング」ってある程度
作業の順番は決まっているんだけど

制作後半になると「微調整」や「印象合わせ」が多いから
順序が前後することもたくさんあるんだ

でも何か違和感やミスに気付いたときに
「これで良いか」って放っておくんじゃなくて
前の工程に戻って修正をくり返すことが
クオリティと説得力の根源にあると思うんだ

リボンの仮テクスチャリング

1. リボンにも同じようにテクスチャを適用します。リボンの厚みの真ん中を区切りにして、シームをマークします。

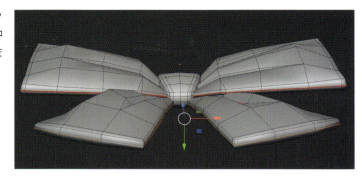

2. 結び目は、図のようにシームをマークします。

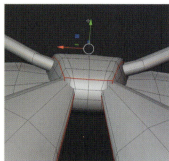

3. UV編集画面でリボンのメッシュを全選択し、展開します。

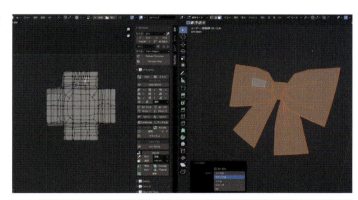

4章 髪の毛・衣服・眼球

4. 図のように展開されます。

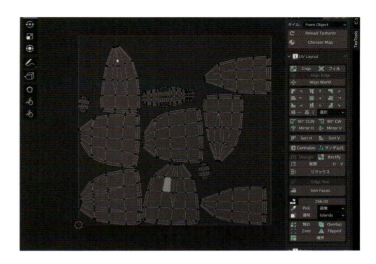

5. アドオンのUVToolsで、UV一つひとつにリラックスをかけます。

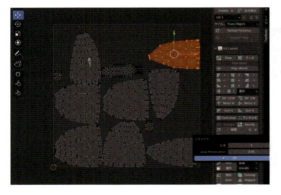

6. 展開されたUVをすべて選択して、縮小します。

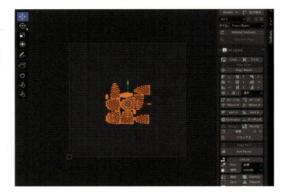

7. スカートと同じように、テクスチャと影色テクスチャを読み込んで、マテリアルに適用します。

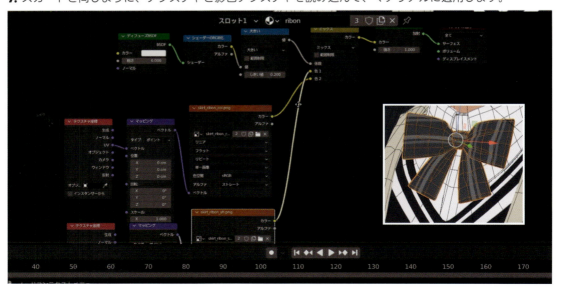

8. UV編集画面に戻ってUVの角度をそれぞれ調整し、デザインに合わせます。

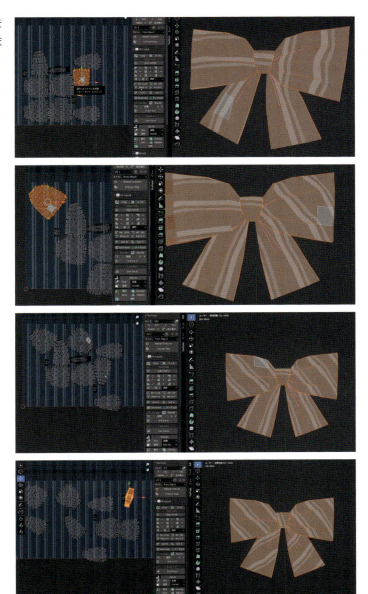

9. 裏面はUVを反転させ、表面と斜線が同じ向きになるように配置、調整します。

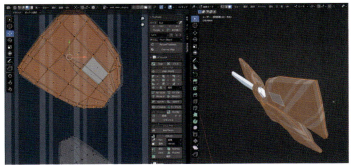

10. 表面を重ねてしまっても良いでしょう。

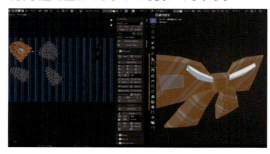

11. リボン部分のテクスチャを適用、調整した結果、図のようになりました。

12. 紐部分は模様を入れたくないので、単色の位置に配置します。サブディビジョン適用時に、より鋭角になるように調整します。

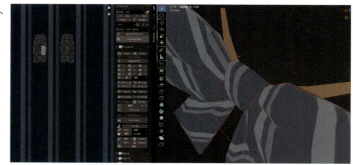

13. 以上で、リボンにテクスチャを適用することができました。

セーターの仮テクスチャリング

1. デザインに合わせ、セーターの長さと形を修正します。少し伸ばして、カーブ感を弱めます。

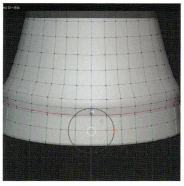 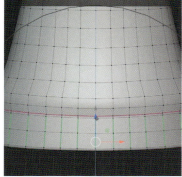 

2. ブレザーの長さも変更しました。

3. ブレザーからスカートが飛び出しているので、[プロポーショナル編集]で修正します。

4. セーターを調整したことによって、ブレザーからセーターがはみ出たので修正します。

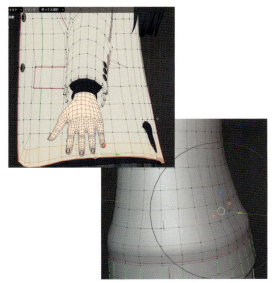 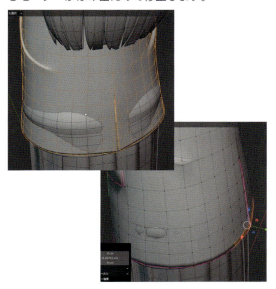

5. 修正した結果、図のようなバランスになりました。

6. セーターとブレザーのエッジの位置と数を合わせます。

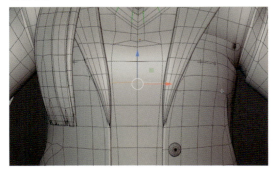

7. セーターにしわを追加します。

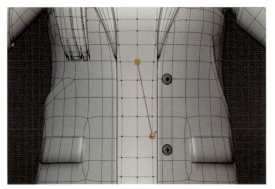

8. 基本的にブレザーと同じような工程で作成します。セーターはブレザーでほぼ隠れるので、真ん中辺りにしわを作成します。

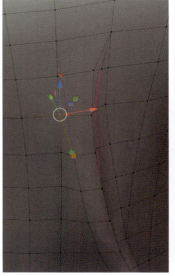
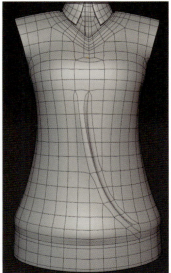

9. 図のようなしわになりました。

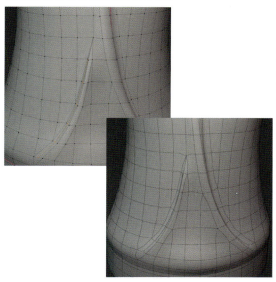
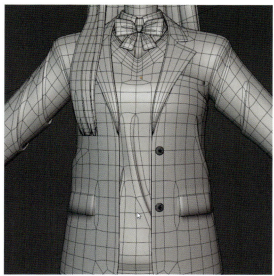

ゲームやフィギュアの制作過程なんかで
「しわ」をスカルプトで作っているのを見たんだけど
今回はそういう作り方はしないの？

確かにスカルプトで「しわ」を作ると
リアリティが出るし 複雑に作れるよね

**もちろん スカルプトでも良いんだけど
セルルックにはあまり適さないんだ**

リアルな「しわ」や凹凸が作れるってことは
シェーディングにも影響するから
陰影やハイライトの見え方も変わるよね

**リアルな陰影はセルルックにおいて天敵
「3D感」を強調させすぎてしまうんだ**

そっかあ

シンプルな造形の上に「しわ」の必要な要素だけを
付け加えることがコツなんだね

「しわの影やラインはテクスチャで
表現することもある」って見たことあるな

そうそう

セルルックはラインをできるだけ狙った場所に
描画するようにモデリングするから
ポリゴンモデリングの方が制御しやすいんだよね

あまりにリアルな「しわ」だと
ラインが至るところに描画されてしまって情報過多になっちゃうから

4章 髪の毛・衣服・眼球

5. 各部の調整

詳細モデリングを完了するにあたり、モデル全体を見直して、修正や調整を行います。この後の作業には、UV展開やスキンウェイトなどがあります。それらの作業を進める中で、ミスが見つかることも少なくないでしょう。以降の作業でミスが見つかったら、戻って、修正や調整を繰り返すことになります。

後ろ髪の調整

1. デザインに合わせ、後ろ髪の長さを調整します。

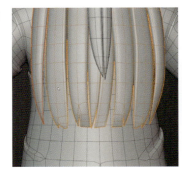

2. 前に垂れている髪の長さも調整します。

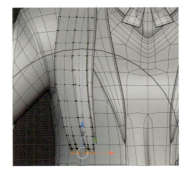
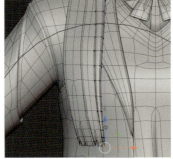

3. 横から見ると、結び髪と後ろ髪との隙間が空き過ぎている印象なので調整します。

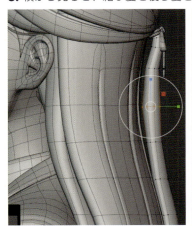
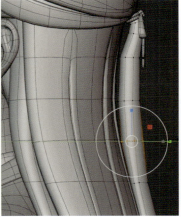

284　　　　　　　　　　4章 髪の毛・衣服・眼球

4. 結び髪の太さを調整します。

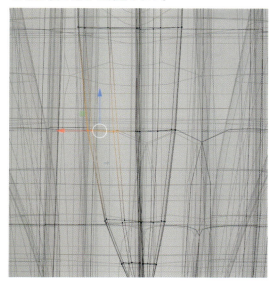

5. ブレザーの腕部分の関節の分割を増やします。

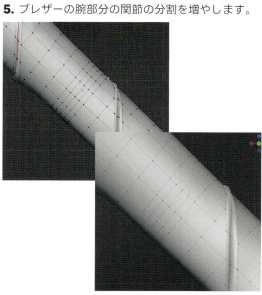

6. 内側はエッジ数が多いと、曲げた際に調整が大変なので、元の数に戻します。

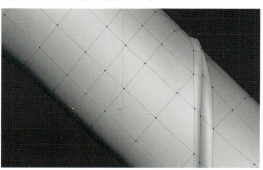

7. 肘にかけて、途中から分割数が増えるような形にします。

8. 右側の腕にも同じような処理を行います。

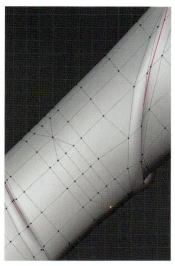
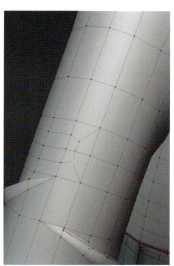

9. 図のようになりました。

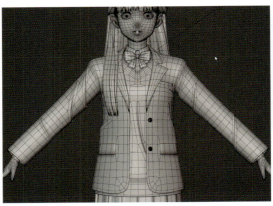
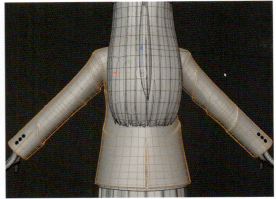

足の指

1. 上靴から足が飛び出しているので、見えない部分を削除します。

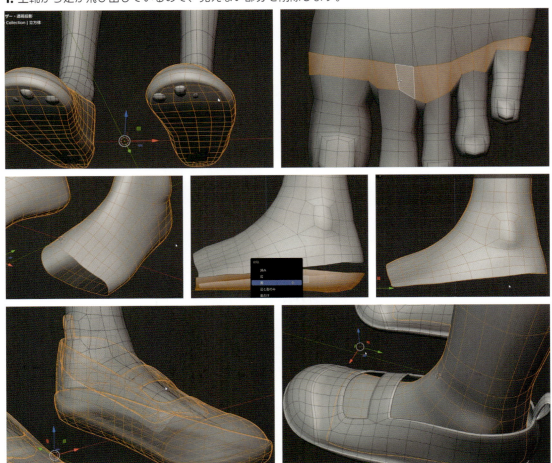

※ 見えない部分のポリゴン削除には、マスクモディファイアーを使用しても良いでしょう。

各部の分離

1. 身体のオブジェクトがすべて一体になっているので、首、脚、手でそれぞれ分離します。

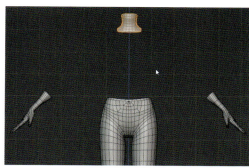

2. 頭と首の繋ぎ目で、頭に首のポリゴンを差し込むように処理します。

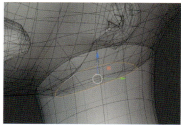

3. メッシュを調整します。

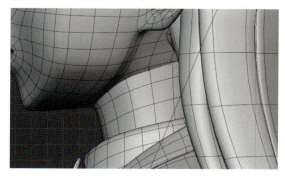
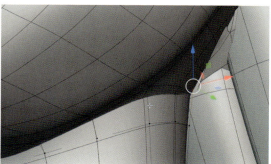

4. ベース髪に少し厚みを付けて、髪の生え際の造形を追加します。

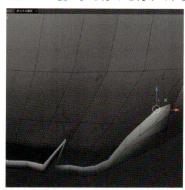

6. 眼球

眼球の構造を作り込んでいきます。クオリティやリアリティを上げるための工程なので、飛ばして頂いてもかまいません。処理を行うことで、よりリアルな眼球表現が可能になります（※注意：この作業を行う前にデータを保存し、眼球メッシュを丸ごと複製してから始めてください）。

1. 眼球を複製し、複製する前のオブジェクトは非表示にします。

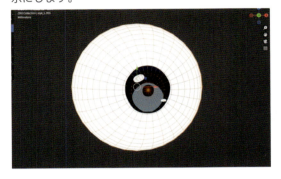

2. 複製したオブジェクトは眼球が真正面に向かうように回転値を調整します。

3. 目のテクスチャの淵に沿って、ナイフツールでカットしていきます。

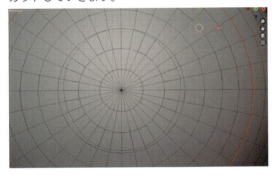

4. カットした際に三角ポリゴンが生まれないように気を付けます。

※サブディビジョン状態でも形が崩れないように、作成した辺をループ選択できるのが望ましいです

5. カットできたら、瞳部分を選択して複製します。（[Shift] + [D] キー）

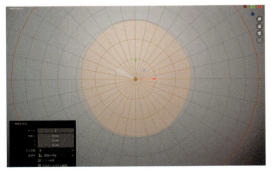

6. 複製した瞳メッシュを一旦非表示にし、元の眼球のカットした内側部分を平坦にします。

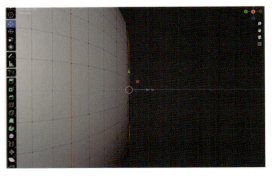

4章 髪の毛・衣服・眼球

7. 平坦にしたポリゴンの最も内側のポリゴンを選択、少し凹ませます。

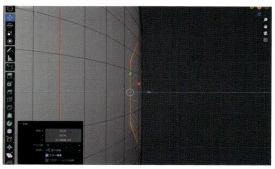
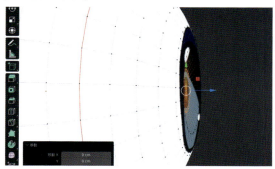

8. 非表示にしていた瞳ポリゴンを表示させます（[Alt]+[H]キー）。

9. 表示したポリゴンを選択、ノーマル（法線）を反転します。

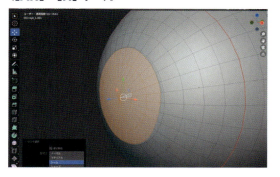
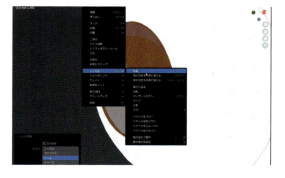

10. ノーマルを反転すると眼球に奥行きができ、実際の人間の目の構造に近い表現になります。

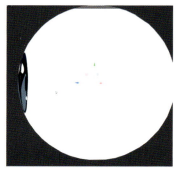
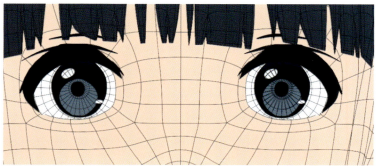

11. ハイライトや黒目は別オブジェクトとして扱いたいので、新規でポリゴンを作成し、ハイライトの形に合わせ、変形させます。そして、眼球に張り付くような形で変形させます。

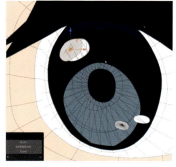
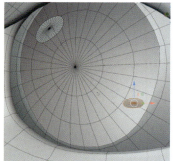

4章 髪の毛・衣服・眼球

12. 水晶体にあたる部分も別オブジェクトとして新規で作成し、形状を合わせます。

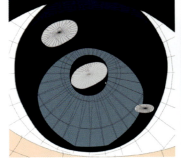 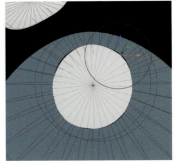

13. 図のように配置します。

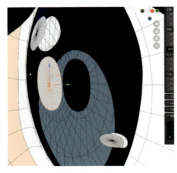 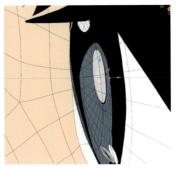

14. 水晶体のマテリアルは、新規作成して、割り当てました。

15. ハイライトのマテリアルも新しく作成しました。

16. このままでは、正面以外から見た際に水晶体やハイライトがダブって見えてしまうので、テクスチャを右図のように修正します。

4章 髪の毛・衣服・眼球

17. 水晶体部分に［ソリッド化］モディファイアーを適用します。

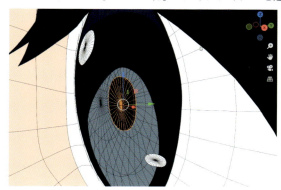

18. いろいろな角度から見て、違和感がないかを確認します。

19. 眼球にまぶた（まつ毛）の影がないので、コピー元の眼球オブジェクトを再度複製して使用します。

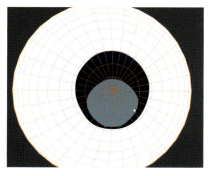

20. 図の2枚目のような白黒画像、または、アルファを用意して透過させます。［シェーダーミックス］に［透過BSDF］とアルファ画像を繋ぎましょう。

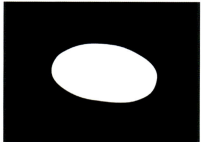

21. マテリアルの設定の**[ブレンドモード]**をアルファブレンドに設定します。

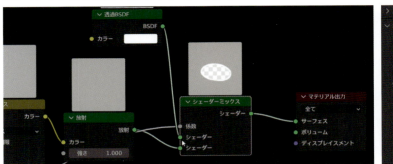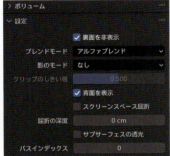

22. 眼球の上の表示する影メッシュができました。

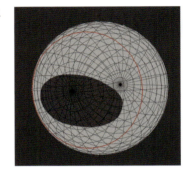

23. 瞳も透過させます。瞳テクスチャを図のように修正し、瞳の形に合わせたアルファを作成します。

24. 先ほどと同じようにノードを繋げます。

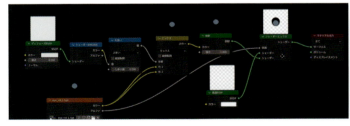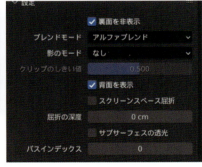

292　　　　　　　　　　　4章 髪の毛・衣服・眼球

25. 透過させることができました。ただ、このままでは瞳全体にグレーの影がかかってしまうので、描画順を変更します。

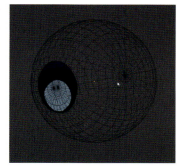 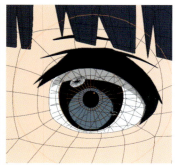

26. 描画順を設定します。眼球に割り当てられているすべてのマテリアルのブレンドモードを**[アルファブレンド]** に設定します。

27. 3つのオブジェクトを結合します。

 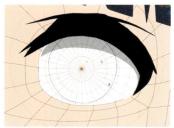

28. マテリアルの順番を変更します。マテリアルの描画は上から下に重なるように描画されます（※一番下が最前面に描画されます）。

29. ハイライトや黒目のオブジェクトも結合して、マテリアルの順番を変えます。

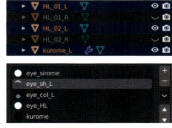 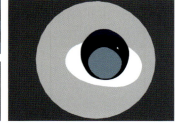

4章 髪の毛・衣服・眼球

30. 結合した際に、ブレンドモードを変更しないと描画順は反映されないので気を付けましょう。

31. 各マテリアルの影のモードは、[なし] にしておきます。

32. 眼球を横から見た際に凹ませた部分（裏側メッシュ）が見えてしまっています。これは瞳メッシュを透過したことで、角膜の **[背面を表示]** 設定によって背面が見えてしまっている状態です。

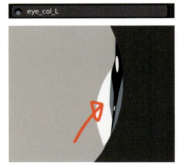

33. 対処するため、瞳のマテリアルを複製します。

34. 瞳メッシュに複製したマテリアルを割り当て、[背面を表示] のチェックをオフにします。

35. 横から見た際、凹みが見えなくなりました。

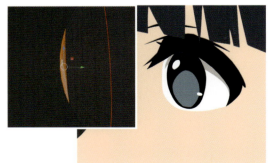

36. これまでの設定で黒目が隠れてしまう場合は少し前に出します。

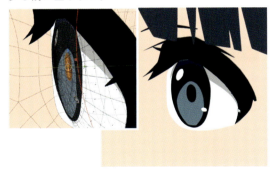

37. 白目マテリアルを顔に設定していますが、これを削除します。

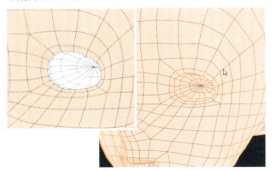

38. まつ毛と眼球のメッシュ同士が干渉していると、描画が崩れるので調整しましょう。

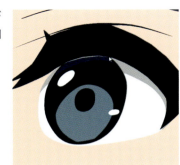

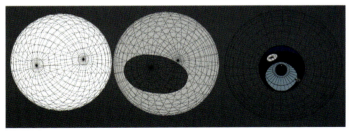
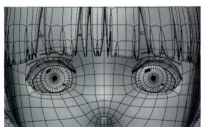

「眼球」の表現や制御には本当にたくさんの方法があるんだけど

今回は少し変わった方法で表現してみたよ

ここで紹介した描画順の制御方法を使うといろいろな応用ができるよ

例えば

私みたいなアニメキャラクターでよく見る「前髪の上から眉毛が見える表現」もできるな

7. 命名変更

オブジェクトの名前を整理しましょう。

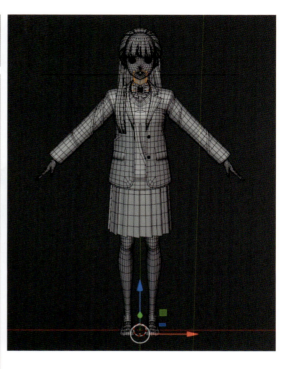

CHAPTER 05 UV Unwrap & Texture

5章
UV展開とテクスチャ

今回はBlenderの標準機能でUV展開を行い、補助ツールとしてアドオンTexToolsを使用します。 UV展開は、予め、展開後の形を想定しながらシームを入れます。シームはテクスチャの切れ目になるので、その範囲が広いとテクスチャ描画時の違和感が大きくなります。特にUnityやUnreal Engineなどのゲームエンジンではシームの切れ目が黒く目立ってしまう場合があるため、隠れた位置にシームを切る必要があります。

テクスチャの描画が楽にできるように、左右対称のオブジェクトではUVをなるべく左右対称に配置します。チェックパターンのテクスチャ（マテリアル）を割り当て、UVに歪みがないかをチェックしながら展開しましょう。

1. UV展開

Rizom UVのすすめ：現状のBlender標準のUV展開機能は、他ソフトに比べて貧弱と言わざるを得ません。できることがかなり限られていて、使い勝手もあまり良くないため、**Rizom UV**というUV展開専門の外部ソフトをオススメします。Rizom UVは左右対称に展開することが容易にでき、配置もリアルタイムで行えます。図の右側のように、UVの歪みの大きい部分が色分けされ、ひと目で分かるのも特徴です。また、ブリッジ機能を使って、簡単にオブジェクトの行き来もできます。

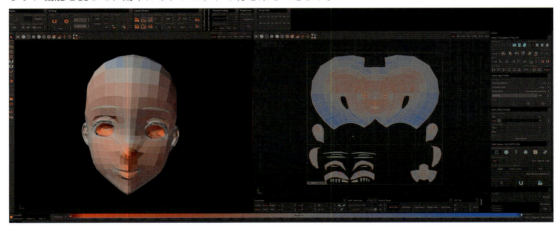

1. 髪の毛からUV展開します。髪の表面と裏面の境界になる辺に**[シームをマーク]**します。このマークしたシームが切れ目となり、UVが展開されます。

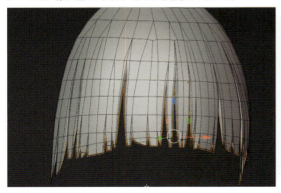

2. UVエディタ画面で編集モードにし、[A] キーでポリゴンをすべて選択します。UVをすべて選択したら、右クリックで**[展開]**を適用します。

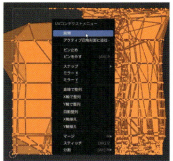
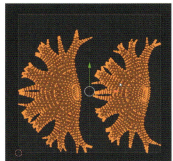

3. UVが綺麗に展開されているか確認できるように、UVチェック用マテリアルを作成します。

4. 適当なマテリアルノードに画像テクスチャノードを追加。新規画像から生成タイプを**[カラーグリッド]**にして作成し、画像テクスチャノードを接続します（解像度4096pxに変更）。

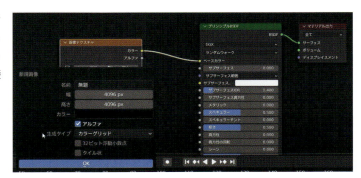

5. 図のようなマテリアルが作成されました。一時的にUV展開した髪オブジェクトに適用します。適用したチェックパターンに極端な歪みができないように、気を付けながら展開します。

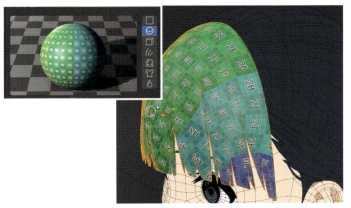

6. 髪の房と房との分かれ目にシームを入れ、切れ目にしておくと綺麗に展開できます。

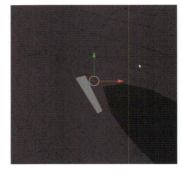 

7. 分かれ目にシームを入れて展開したことによってUVが重なってしまった場合は、手動で修正します。

8. 裏面も同じように展開します。裏面はすべてマスクで［影色］に設定する予定なので、大まかに展開できればOKです。

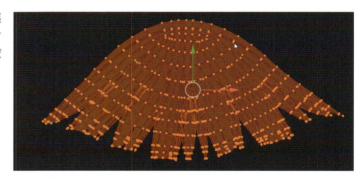

9. 他の髪の毛オブジェクトも、表面と裏面を境界に展開します。

 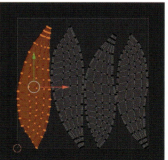

10. すべての髪メッシュを展開できたら、それぞれのオブジェクトのUV解像度を同じくらいに調整します（※裏面は影面になるので例外）。

11. すべての髪の毛のUVを配置しました。裏面のUVは左下に小さくまとめられています。

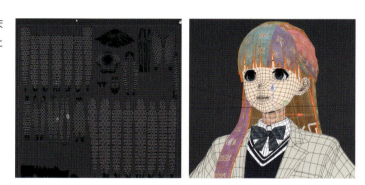

12. 衣服も同じように展開します。シームを入れる箇所についての詳細は、付属ムービーをご参照ください。

13.「衣服」と「肌」を分ける場合もありますが、今回は同じUVにまとめました。

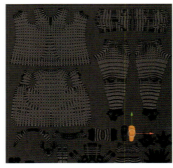

14. 顔のUVも同じように展開します。

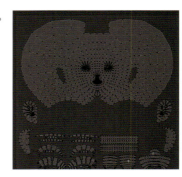

15. 展開したUVをPNG形式で書き出します。今回は解像度を4096px、不透明度を0％に設定しました。

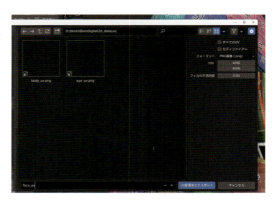

16. 影部分を指定するための「白黒マップ」を作成しましょう。白色部分はライトが当たっても常に影色で描画されます。服のしわの影の他に、左下部分にまとめた裏面にも、マスクを作成して白塗りにします。

17. 膝にも影を作成します。

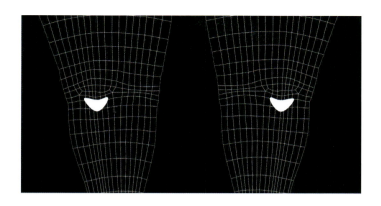

18. ［乗算］ノードを噛ませて白黒マスクを追加します。そのままだと白色部分がノーマル色になってしまうので、［反転］ノードを追加します（最初から黒色を影部分としてマスクテクスチャを作成しても良いでしょう）。

19. 残りのマテリアルにも陰影テクスチャを割り当て、マスクの位置や形を調整します。

5章　UV展開とテクスチャ　　303

20. 首はすべて影色にします。

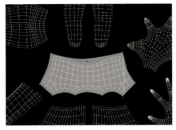

21. 髪の毛も同じようにマスクテクスチャを作成します。

22. テクスチャを割り当てた結果です。髪の毛の裏側は影色になっています。

23. 後頭部の生え際の髪メッシュも忘れず、影色にします。

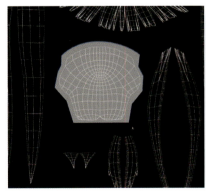
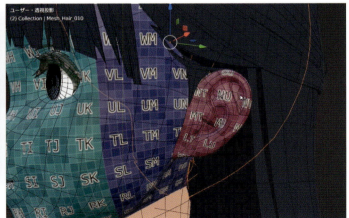

24. 頭部メッシュにもマスクテクスチャを作成します。

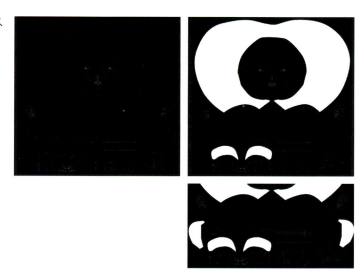

25. 頭部は、後頭部や顎下が影になるようにテクスチャを調整しました。まつ毛や眉毛の裏側も影色にしています。モデリング序盤に適用した影用のマテリアルは削除してかまいません。

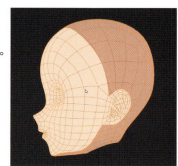

26. 髪の毛の影は、Photoshop等の2Dペイントで位置を調整するのが難しいので、3Dペイントでアタリを付けます。テクスチャペイントタブに移動し、描画していきます。

27. 白色でペイントすると影として反映されます。

28. 3Dペイントで行うペイントは、あくまでも「アタリ」としてのテクスチャなので、位置と形が掴めるのであれば、丁寧に描く必要はありません。

29. 後ろに結んでいる髪の下側にも影を描きます。

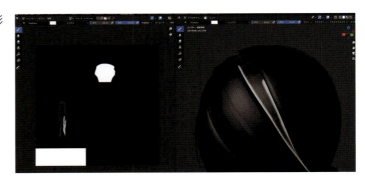

30. 後ろから前に流れる横髪にもペイントします。

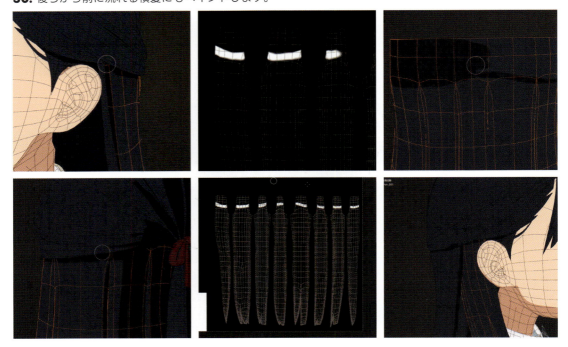

31.「アタリ」のペイントが終わったら、テクスチャを一度書き出します。上書き保存ではなく、名前にatariと追加して、別名保存してください。

32. 2Dペイントツールに書き出したテクスチャを読み込み、「アタリ」を元に清書します。

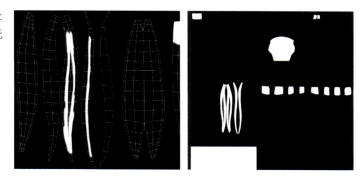

33. テクスチャを読み込み直します。

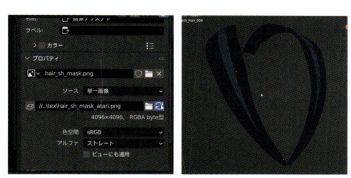

34. 画像ノードを選択、図のatari.pngになっている部分を差し替えます。

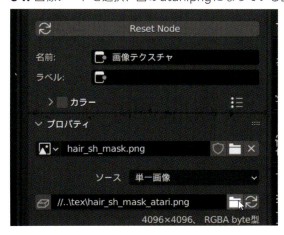 

35. 他にも、任意の場所に陰影を付け加えます。但し、情報量が多くなりすぎないように描き足しましょう。

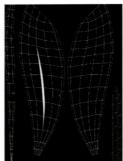

36. 最終的な髪のマスクテクスチャ。

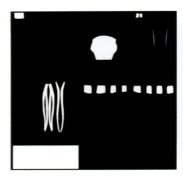

37. 耳にも陰影を描きます。モデリング序盤に適用した影用のマテリアルは削除してかまいません。

38. スカートの裏側は影色にしたいのですが、厚みは付けたくないので、シェーダーで制御します。[ジオメトリ] ノードを追加、後ろ向きの面を **[シェーダーミックス]** ノードに挿します。

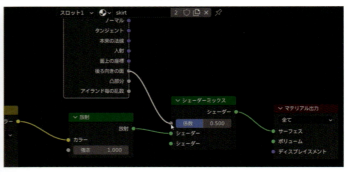

39. シェーダーミックスノードのもう1つには影色テクスチャを指定します。

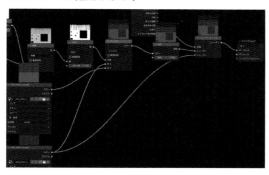

40. 裏面に影色が指定されました。

41. リボンの裏側も影色に指定します。

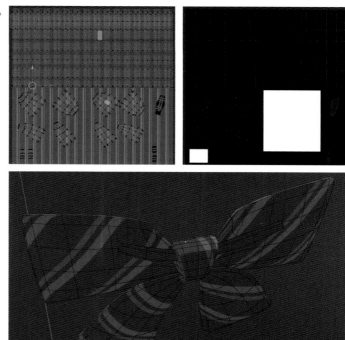

42. セーターの陰影も調整します。

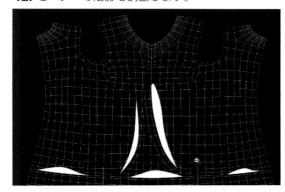
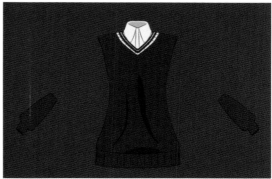

43. スカートにも影部分を指定します。

44. スカートのプリーツ部分にも陰影をいれたいのですが、UVが重なった部分が汚く描画されてしまうので、仮で展開していたUVを再度展開し直します。

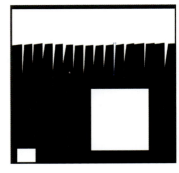

45. プリーツ部分のポリゴンを選択し、一度リラックスをかけます。そして、縦と横のエッジが真っすぐになるように整列させます。

46. TexToolsの上部のボタンを使うと、UVのエッジを整列させることができます。

47. UVを書き出し、2Dペイントツールに読み込み直して、そのUVを元にテクスチャを修正します。右図の1枚目が修正前、2枚目が修正後のテクスチャです。

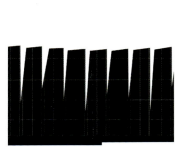
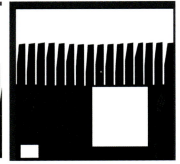

48. 右図のような結果になります。

49. リボンのしわも陰影で表現します。

50. シャツの首元の襟にも陰影を追加します。

51. 一度描いてテクスチャを再読み込みし、違和感があればペイントツールに戻って修正します。パスツールで描いているので微調整がしやすいでしょう。

52. 最終的に、右図のような陰影になりました。

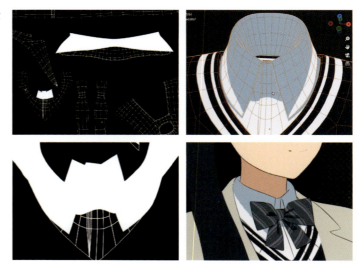

53. ブレザーの襟にも陰影を少し追加します。

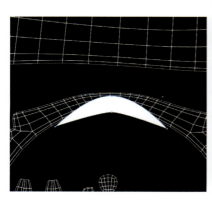

2. 固定影について

ライトが当たっている場合でも、白黒マスクテクスチャで指定した箇所が影色になります。そのため、カメラアングルやキャラクターが取っているポーズによっては、違和感になる場合があります。固定影は「入れれば入れるほど良い」というものではなく、よく動く関節まわりや揺れ物の場合、動かした際にテクスチャが伸びてしまい、違和感に繋がることもあるので注意が必要です。なるべく、どんなシチュエーションでも問題なさそうな箇所に入れましょう。

1. 陰影の調整と同時にラインの微調整を行います。ポケットは辺マークで強制的にラインが出るように設定していましたが、すべてのラインが描画されると違和感があるので一部をわざと欠けさせます。

2. 下唇の下にもラインが欲しいので、鼻に使用しているライン用の平面オブジェクトを複製、下唇付近にも差し込みます。

 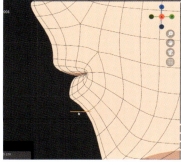 

3. ブレザーの腕部分に陰影を入れました。

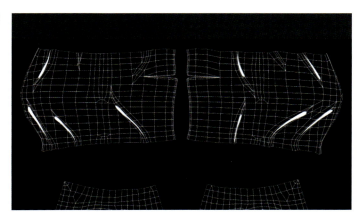

5章　UV展開とテクスチャ

4. 右図が衣服部分の最終的な陰影テクスチャになります。

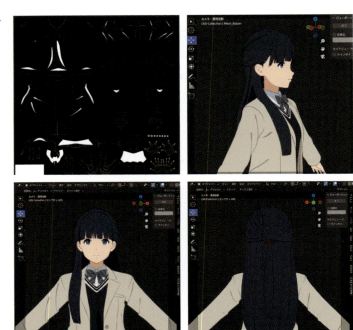

5. 髪のハイライト用マスクテクスチャを作成します。手順は陰影テクスチャと同じです。

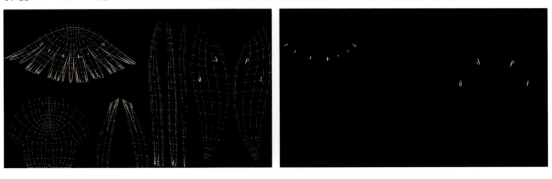

6. シェーダーノードは、図のように放射ノードの前にミックスノードを挟む形で設定します。

7. 図のように反映されました。

8. 影色をデザイン画から拾います。

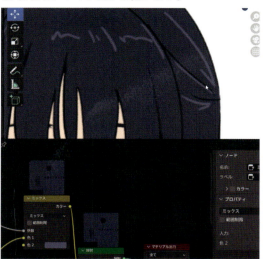

9. 先ほどのシェーダーノードでは、影になっている部分にもハイライトが描画されてしまっています。

10. ノードを差し替えます。

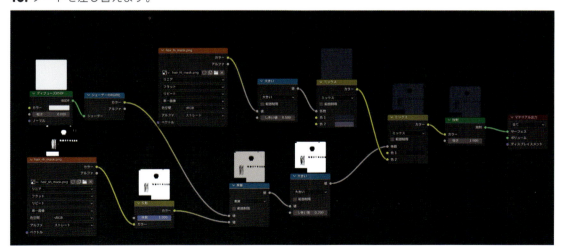

5章　UV展開とテクスチャ

11. 影色よりも前に持ってくることで、影に入った場合はハイライトが描画されなくなりました。

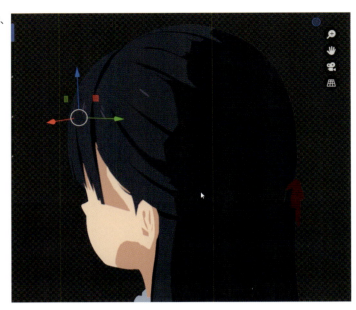

12. [フレネル] ノードを追加し、疑似的なリムライト表現を行います。

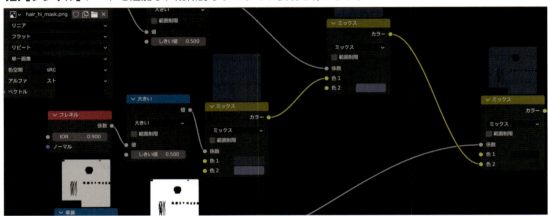

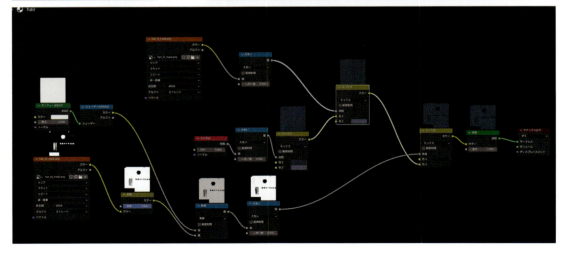

13. [IOR] 値で範囲を調整します。

14. テクスチャの作成が完了しました。

5章　UV展開とテクスチャ

Creative Hint

白黒マップの作成方法

白黒マップの作成はPhotoshopで行なっています。描く必要のある情報は「白か黒か」だけなので、ブラシツールではなくパスツールを使用すると良いでしょう。パスツールは影のラインがガタガタになりにくく、作成したあとの細かい微調整も簡単です。絵を描いたり、線を引いたりするのが苦手な人でも、関係なく綺麗な固定影を作ることができます。

［ペンツール］（**赤枠**）でパスを描き、［パス選択ツール］（**青枠**）で微調整します。

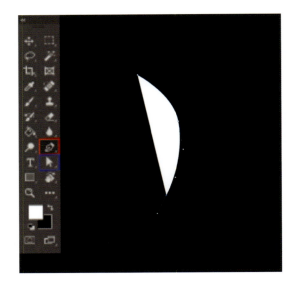

［ペンツール］を使用する際はモードを［シェイプ］にして描いてください。

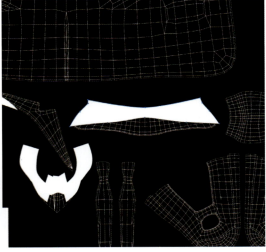

テクスチャに「ハイライト」や「陰影」が入ると
情報量が増えて

より魅力的になったね

だろ～！

いよいよ「完成が近づいてる」って感じがして
テンション上がるな！

「陰影」や「ハイライト」は
描けば描くほど良いって訳じゃなくて
丁度良い情報量を探るのが大切なんだ

本来 単色で平面的な見た目に
固定影（影ができる部分）を入れることによって
立体感が少し増すんだ

情報量が増えるのが楽しくて
ついつい いろいろな場所に描きたくなるね

「陰影」や「ハイライト」
そして「ライン」を足していくと
より繊細な表現ができるけど

多すぎると遠景で見たときに黒く潰れてしまい
ごちゃごちゃした見た目になっちゃうから注意だな

作画のようにカット毎に
情報量を増やしたり減らしたりが手軽にできない分

「バランス」を考えてテクスチャを作成しよう

Creative Hint

反省点 その1

どんな状況下でも、どんな制作物でも、振り返ると必ず反省点があるでしょう。きちんと制作を振り返り、反省点を洗い出せば、次の機会に活かすことができるかも知れません。また、それらが、誰かのヒントになるかも知れません。ここでは、あえて、個人的な反省点を記したいと思います。

◎素材によってシェーディングの表現方法を変えたら、より面白い作品になったかも

今回は同じマテリアルを複製し、同じシェーディングを使い回しましたが、ブレザーやタイツなど、素材感によって多少の表現方法の差をつければ、よりクオリティの高いものになったかも知れません。

また、髪の毛は比較的プロシージャルな表現を使いやすい部分なので、単純なテクスチャ描画だけでなく、シェーダーだけで表現する手法を模索してみると良かったかも知れません。

「反省点 その2」に続く…

Creative Hint

CHAPTER 06 Rig & Controller

6章
リグとコントローラー

1. リグの作成

リグは、アドオン「**AutoRigPro**」を使用して作成します。関節の位置をマークしてボーンの位置を調整するだけで、自動的にリグ・コントローラーを生成してくれる優れたアドオンです。本来、優れたリグをゼロから組むには、モデリングとは違ったプログラム的な複雑な知識と経験が必要です。AutoRigProを使用すると、その作業を大幅に短縮できます。さまざまな機能があり、普段あまり使わない機能もあるので、ここでは、必要最低限の情報を解説します。詳細は参考サイトをご参照ください。

■AutoRigPro 参考サイト：
https://kanianthi.hateblo.jp/entry/2020/09/12/214726
https://cgbox.jp/2022/07/07/blender-auto-rig-pro-02

なお、有料アドオンを使用せずに自動生成リグを使用したい場合は「**Rigfy**」という標準搭載アドオンを使用してもよいでしょう。

■Rigfy 参考サイト：
https://3dcg.comaroku.com/blender-rigfy-setup

AutoRigProやRigfyを使わずにイチからアーマチュアを作成する場合は［追加］タブの**［アーマチュア］>［単一ボーン］**で作成します。

1. 顔と身体部分のオブジェクトを複数選択し、Auto-Rig Pro:Smartの**[Get Selected Objects]**を選択します。

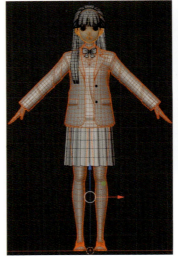

2. [Full Body] を選択します。メッシュのワイヤーフレームが表示されます。サブディビジョンが適用された状態で表示されますが無視してください。

3. [Add Neck] を選択、首のボーンの開始位置に球状のマークを移動します。

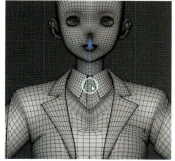

4. [Add Chin] を選択、顎の位置に球状マークを移動します。

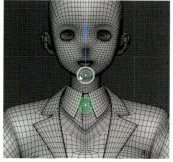

5. [Add Soulders] を選択、肩の位置に球状マークを移動します。

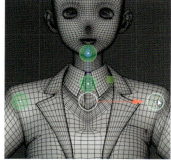

6. [Add Wrist] を選択、手首の位置に球状マークを移動します。

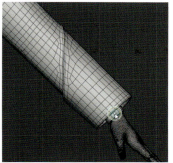

7.［**Add Spine Root**］を選択、腰骨の始まりの位置に球状マークを移動します。

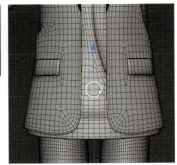

8.［**Add Ankles**］を選択、足首の位置に球状マークを移動します。

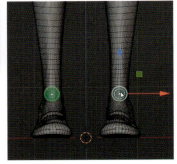

9. すべての球状マークを設置したら［**Go!**］を選択します。少し待つとボーンが生成されます。

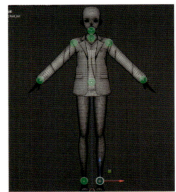
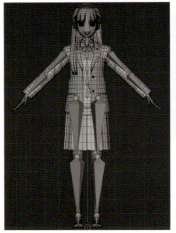
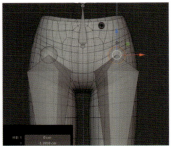

10. 関節の位置がずれている場合は、正常な位置に調整します（※ミラー編集がオンになっているのを要確認）。

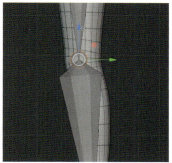
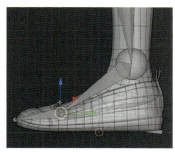

11. 指の関節位置は、ほとんどの場合ずれているので位置を修正します。

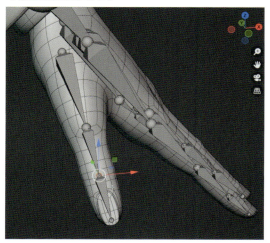

12. 指のボーンは指の中心ではなく、手の甲側（上側）に若干寄せた形にすると、曲げた際に綺麗に見えやすくなります。第3関節の位置にも気を付けて調整しましょう。

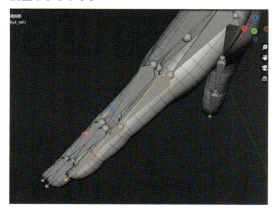

13. 腕、膝、スネのボーンは、ロールが正面に来ていないことが多いので調整します。ロールの値を調整し、ボーンの回転が正面に来るように修正します。

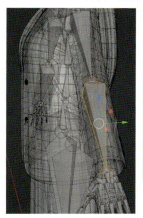

14. ボーンの位置や回転値の調整が終わったら、**[Match to Rig]** を選択してリグを生成します。

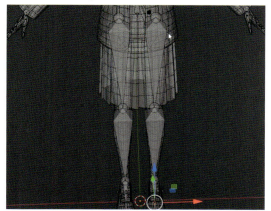

6章　リグとコントローラー　　325

15. リグが生成されました。膝の回転が内向きになっているので修正します。

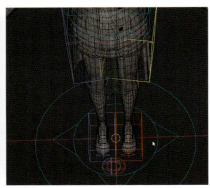

16. 膝の前にある向きを調整するコントローラーを移動させ、膝の向きを修正します。その後、[レストポーズとして適用] を選択。リグが消えてしまった場合は、再度 **[Match to Rig]** を行います。

17. レストポーズは「初期ポーズ」のようなものです。ポーズを付けて、トランスフォームをリセットすると、このポーズに戻ります。これでリグの生成が完了しました。

18. リグとオブジェクトを紐づけるバインドを行います。まずバインドしたいオブジェクトを選択、次にリグを選択して、**[Bind]** ボタンをクリックします。メッシュがリグにバインドされ、ウェイトの調整が可能になります。

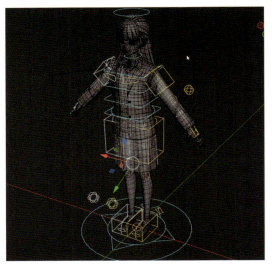

19. 試しにポーズモードでリグを動かすとメッシュがリグに従い変形するようになりました。揺れもの（髪やスカート・ブレザーなど）以外をバインドさせて動かせるようにします。また、オブジェクトを選択して**[Unbind]**を押すとバインドが解除されます。

ずいぶん簡単にリグを作成できたね
コントローラーを自動で
生成してくれるのは嬉しいなぁ

今回はAutoRigProを使って
リグの工程を簡単に済ませちゃうぜ

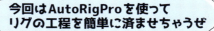
この辺りは動画を見ないと
分かりづらい部分が増えてくるからぜひ見てみてくれ

AutoRigProだけでもなかなか複雑そうだね
機能の全容を理解するためにはどうずればいいかな

そうだな

正直AutoRigProやリグ自体の機能解説だけで
ページを何十ページも使う程奥が深いから大変なんだ

幸いにもAutoRigProは特に有名なアドオンの1つなので
YouTubeやインターネット上に詳しく解説してくれている
サイトがたくさんあるから見てみてくれ

解説してくれる人やサイトが多いのが
Blenderの最大の強みの1つでもあるもんね

調べてみるよ

2. バインドと頂点グループ

オブジェクトをアーマチュアにバインド（紐づけ）すると、アウトライナ上の表示がアーマチュア配下に移動します。アーマチュア横の［▼］マークをクリックすると、紐付けされているオブジェクトやボーンを確認できます。Unbindしたり、**[Alt]+[P]** キーでオブジェクトの紐づけを解除すると、アウトライナ上の表示も元に戻ります。

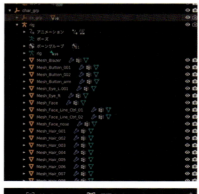

AutoRigProでオブジェクトをバインドすると、頂点グループが作成されます。「頂点グループ」は頂点をグループ化するための機能です。頂点毎に重み（ウェイト）を割り当て、さまざまな機能で活用できます。オブジェクト毎の頂点グループは、オブジェクトデータプロパティの頂点グループタブで確認できます。

頂点グループを使った代表的な機能はボーンやリグとの関連付けですが、さまざまなモディファイアーやシェイプキーでも活用できます。例えば、［ソリッド化］モディファイアーで頂点グループを活用すると、頂点に割り当てたウェイトに応じて厚みを調整できます。［シェイプキー］では、シェイプキーによる変形を指定した頂点グループに制限して変形させることができます。

■出典：「頂点グループとは」
https://blender3d.biz/knowledge_modeling_support_vertexgroups.html

1. 平面に**［頂点グループ］**を新規追加、ウェイトペイントモードに移り、グラデーションをかけてウェイトを付けます。

2. 平面に**［ソリッド化］**モディファイアーを追加して、「頂点グループ」欄に先ほど新規追加した頂点グループを入力します。

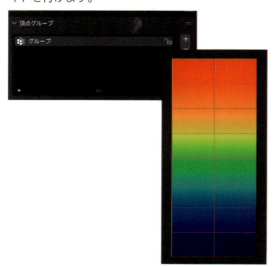

3. 指定の頂点グループに関連付けられたウェイト値によって、[ソリッド化]モディファイアーの厚みが変化します。このように頂点グループとモディファイアーを活用してモデル制作を効率化するなど、さまざまな表現が可能です。

4. 揺れもののボーンを作成します。リグを選択して編集モードに入り、頭部のボーンの先を選択、**[E]キー**を押し、ボーンを前髪方向に押し出します。2本ほどボーンを伸ばします。

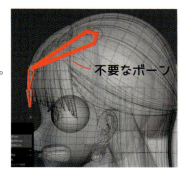
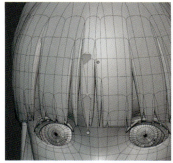

5. 房ごとにボーンを複製して並べますが、頭部と前髪のボーンを繋いでいる最初に押し出したボーンは削除してかまいません。

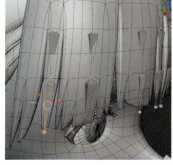

6. ボーンのレイヤー機能で表示/非表示を管理します。編集モードで前髪ボーンを選択、**[M]キー**を押すとボーンレイヤーを変更できるので、任意の場所を選択します（※Blender 4以降では、ボーンレイヤーの仕様が大きく変わっています。P.142を参照）。

6章 リグとコントローラー

7. ボーンレイヤーは、リグ選択時に右側のオブジェクトプロパティタブから表示／非表示を管理できます。

 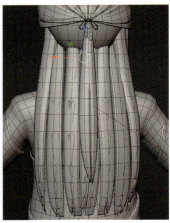

8. 後ろ髪にも同じようにボーンを作成します。後ろ髪は長いですが、根元の方はボーンの分割を少なめにし、先の方は繊細な動きができるように少し細かい分割数にしておきます。また、ボーンレイヤーで前髪とは違う位置に設定しましょう。

9. 毛先が分かれている場合は、枝分かれさせてもかまいません。

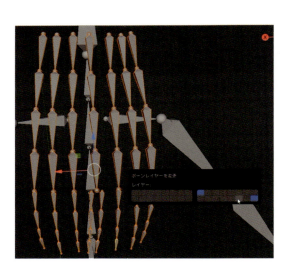 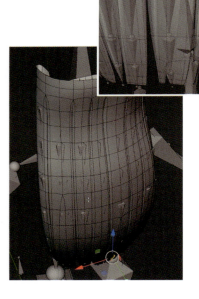

10. 横髪にも同じようにボーンを配置します。

11. スカートにもボーンを配置します。

12. スカートのボーンは上から始めるのではなく、脚の付け根（足を曲げた際にスカートが曲がる部分）から始めます。

 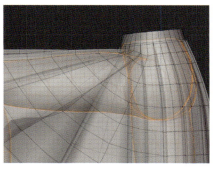

13. スカートのボーンの回転を放射状に外向きになるようにロール値を調整します。ロール値は［Alt］キーを押しながら回転させると、選択しているボーンを同時に回転させることができます。

14. スカートのボーンは右側半分のみ作成します。後から反転コピーで左側にも作成します。

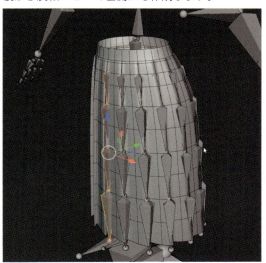

6章 リグとコントローラー

15. スカートのボーンの親は、右図のように設定します。

16. セーターにも同じようにボーンを配置します。

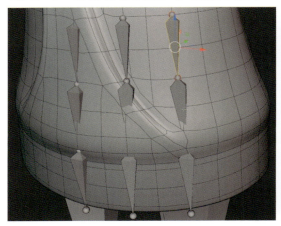
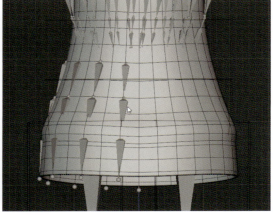

17. ブレザーにも片側に等間隔でボーンを配置します。セーター、ブレザー共に親ボーンは図の通りです。

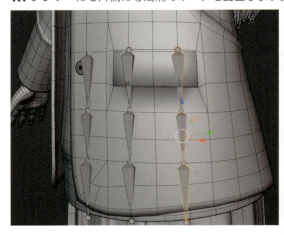
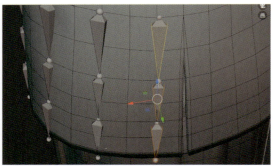

18. リボンにも同じようにボーンを配置します。ボーンは細分化で1つのボーンを分割できます。

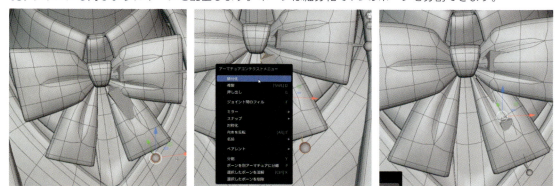

19. 後ろ髪の結び目のリボンにボーンを配置します。

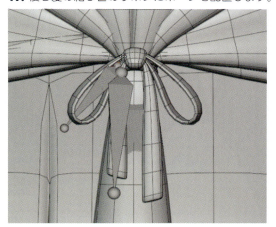

20. 追加したボーンの名前を変更します。名前変更には、まとめて変更できる無料アドオン**Simple Renaming Panel**を使用しています。

21. [ターゲット] を [オブジェクト] から**[ボーン]** に変更します。[Numrate] の欄に変更したいボーンの名前を入れ、**[Replace Names]** をクリックします。

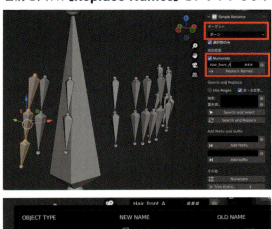

6章 リグとコントローラー

22. スカートやセーター、ブレザーの揺れ物の名前も同じように変更します。

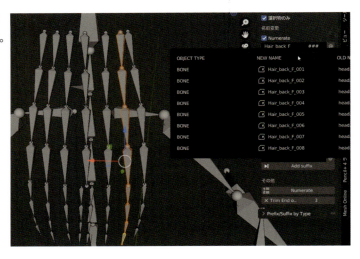

23. 片側に作成したスカートなどのボーンに、自動ネーム（左右）を適用します（※前後の中心のボーンには不適用）。

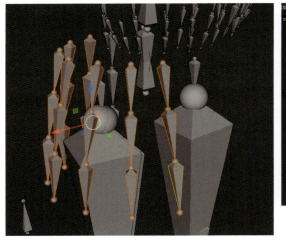
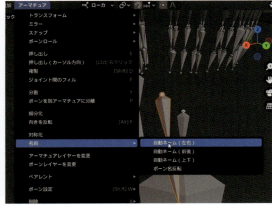

24. ［対称化］を選択、反対側にボーンを作成します。

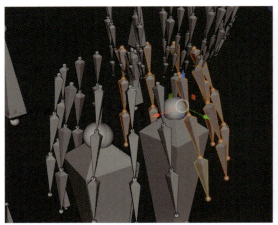

25. セーターとブレザーにも反対側にボーンを作成します。

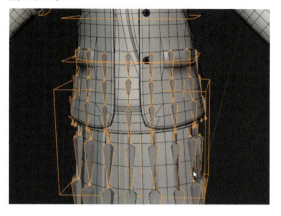

26. スカートやブレザー、セーターをリグにバインドします。

27. ポーズモードでメッシュの動きを確認します。

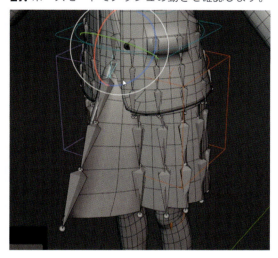

AutoRigProでリグとメッシュを関連付けるときは基本的にはこのBind機能を使って行うんだ

バインド外したいときはメッシュを選択して[Unbind]ボタンを押せば外せるぞ

Blenderはスキンウェイトのウェイト値を[頂点グループ]で管理しているけど

他ツールから移行した人はこの辺りの仕様の理解に少し時間がかかるかもしれないな

3. スキンウェイト

オブジェクトを選択したままウェイトペイントモードに変更すれば、ペイントを始めることができます。ウェイトペイントモードに入った状態でボーン選択の切り替えを行いたい場合は、まずリグを選択して、**[Shift]** キーを押しながらペイントしたいオブジェクトを追加選択、ウェイトペイントモードに移行します。

1. ウェイトペイントモードにして、ウェイトの調整を行います。

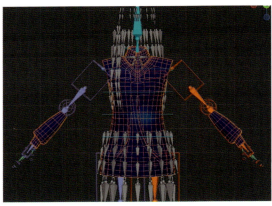
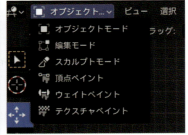

2. ブラシの詳細設定の**[前面のみ]** をオフ、ツールタブの**[自動正規化]** をオンにします。

・**[前面のみ]** をオンにすると、メッシュの表側にのみウェイトペイントが反映され、裏面には反映されなくなります。

・**[自動正規化]** は1つの頂点に割り当てられるウェイト値の合計を1.0になるよう正規化します。

3. すべての頂点のウェイトを一旦1つのボーンに割り当てます。

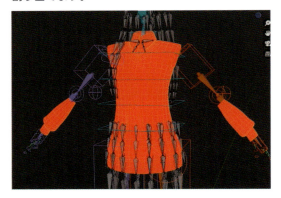

スキンウェイトのコツ：Lazy Weight Tool

モデリングと同様、スキンウェイトのやり方はさまざまで、自分のやりやすい方法を見つける必要があります。例えば、3ds Maxでウェイト設定していた方は、頂点選択で設定する場合が多いかと思います。

Blenderでも同じように設定したい方はアドオンを入れる必要があります。頂点選択で設定できるアドオンはいくつかありますが、その内の1つが **Lazy Weight Tool** です。これは、忘却野さんが開発・販売されているBlenderアドオンで、頂点一つひとつのウェイト値を表で確認可能、設定もできます。かなり3ds MaxライクなUI、仕様になっており、3ds Maxから移行したばかりの人には馴染みやすいものになっています（P.376を参照）。

やりやすいウェイト設定の方法をBlenderで模索してきましたが、ウェイトペイントを行う際は、頂点選択でのウェイト設定だけではもったいないと感じました。やはり、ブラシを使ってペイント、補助としてLazy Weight Tool等を使うのが良いと思います。

バインド時に自動でウェイトを割り振った場合、必要のない部分にウェイトが割り振られ、ボーンを動かした際に余計な頂点が引っ張られてしまうことが多々あります。

ウェイトの調整を簡単に分かりやすくする方法として、右図のように一旦1つのボーンに1.0を割り当て、ボーンとボーンの間をぼかしツールでぼかすことで余計な頂点へ割り振られることを防ぐことができます。

また、**[ミラー]** をオンにすることで、片方にペイントを行うだけで反対側にも同じようにウェイトをペイントできます。**[自動正規化]** もオンにしましょう。

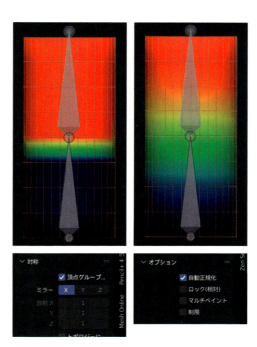

Creative Hint

4. 各部位の1つのボーンにウェイト値1.0を割り振り、その後、ブラーブラシで境界をぼかし、グラデーションをかけます。

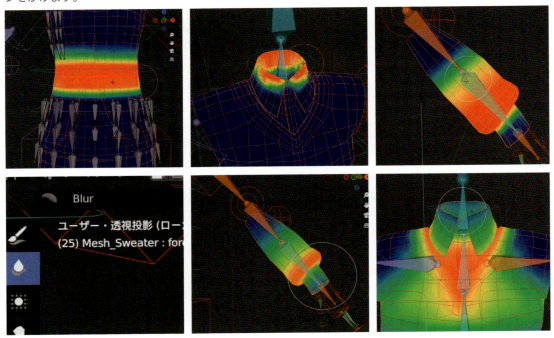

5. ブラシにはさまざまなブレンドタイプがあります。よく使うのは**[ミックス][追加][減算]**などです（※バージョンによっては[追加]でなく**[加算]**となっています）。

6. 揺れものは1ボーンの周囲をすべて**1.0**で塗ってから、隣のボーンとの間を**0.5**で塗るイメージです。

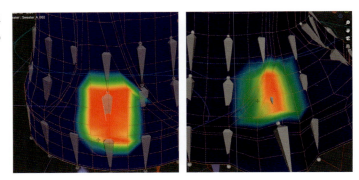

7. 上手くグラデーションができるようにペイントすることで、比較的滑らかに動かせます。

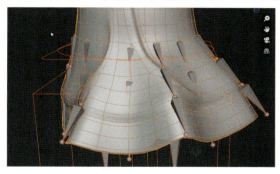 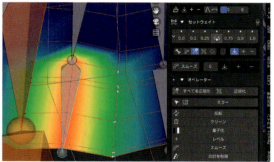

8. ブレザーも同様に一旦1.0でボーン周囲を塗ってから、ブラーなどでグラデーションをかけていきます。

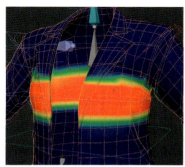 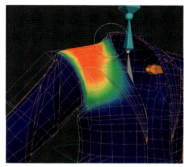 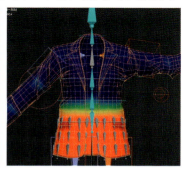

9. 揺れものを動かした際に、内側のポリゴンが外側のポリゴンから突き出してしまう場合があります。大抵はメッシュの厚みが足りないか、外側と内側のトポロジーが合っていないことが原因です。今回は、ポケット部分のトポロジーとそれ以外の内側のトポロジーに差異があったため、エッジを追加して修正しました。

 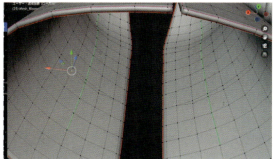

6章 リグとコントローラー

339

10. スカートも同じようにペイントします。付け根部分は腰のボーンに1.0ペイントします。

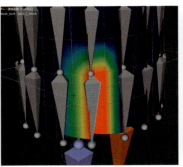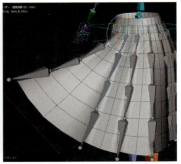

11. リボンもグラデーションがかかるようペイントします。付け根部分と結び目は背骨に1.0ペイントします。

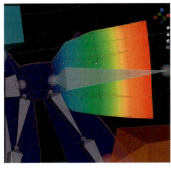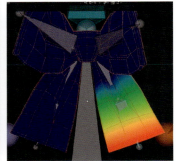

12. 身体部分もペイントします。ポーズモードで動かしながらペイントします。

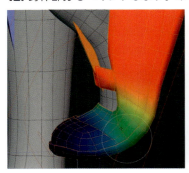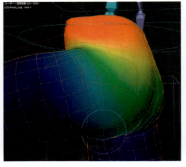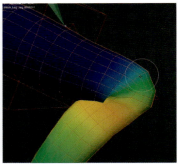

13. 手のペイントでは、綺麗な「握り拳」が作れるか確認しながら作業しましょう。

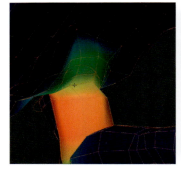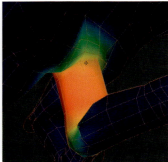

14. 手を握らせた際に大きな隙間ができたり、歪な形になる場合は、指の関節間の長さやボーンの位置を見直しましょう。綺麗な握り拳を造形するには、慣れと経験が必要です。

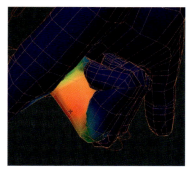 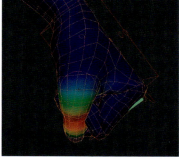 

15. 他の部位もペイントします。首は頭の付け根部分を頭ボーンに1.0ペイントします。

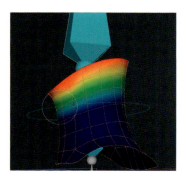

16. 髪の毛もペイントします。髪の毛は密接していて、隣のボーンにペイントしてしまうミスが多発する部分なので、気を付けましょう。

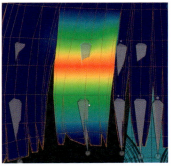
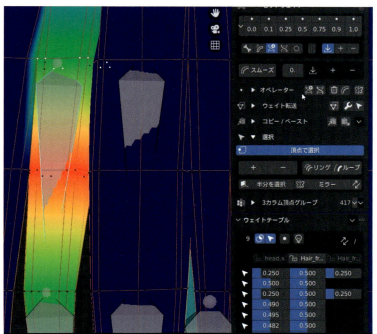

6章 リグとコントローラー

17. 頭部の揺れない髪オブジェクトについては、すべてheadボーンに1.0ペイントします。真っ赤な色で塗られていればOKです。

  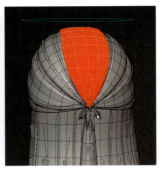

18. 後ろ髪やリボンもペイントします。

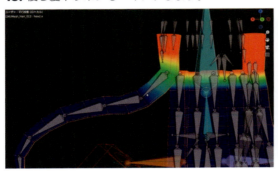 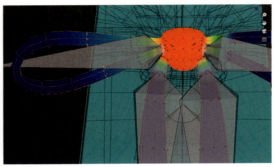

「スキンウェイト」の項目は
意外とサラッとしてるね
私もそうだったけど
スキンウェイトで
つまづく人って多い気がする

「スキンウェイト」や
「リグ」ってシステム的な部分を
理解するのはむずかしいよな

でも塗り方で言うとウェイトの塗り方は
どの部位もあまり変わらないんだ

ボーン間の境目をぼかして
グラデーションにするイメージだな

1つ1つのボーンを区切って
一旦1.0を割り当てて

ただ 肘や膝や指の関節なんかはもう少し
グラデーションを弱めてメリハリのある
ウェイト値にしないといけない

システム的には1つ1つの頂点に
0.0～1.0のウェイト値を割り当てて
頂点毎に「どのボーンの影響を受けるか」を
決めているんだよね

そうそう

Blenderの場合は
それが頂点グループで管理されていて
その頂点グループをコピーしたり
反転したりできる

ちなみにウェイトの色は初期設定だと0が青色
1.0が赤色だけど設定を変更すれば
見やすい好きな色に変えることができるぞ

4. 顔まわりのコントローラー作成

眼球や鼻のライン用平面オブジェクトなどをコントロールしやすいように、コントローラー（リグ）を追加作成します。簡単に目線を動かせるように設定しましょう。あくまで簡易的なコントローラーなので、自由度はあまり高くありません。

1. 他の揺れ物と同じように鼻のライン用平面オブジェクトの位置に新規ボーンを作成します。ボーンの名前を **Nose_Ctrl** に変更します。

2. 追加タブから十字エンプティを新規追加します（追加したエンプティのサイズは自由）。エンプティの名前を **Facial_Ctrl** に変更します。

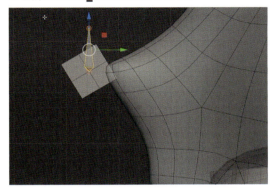
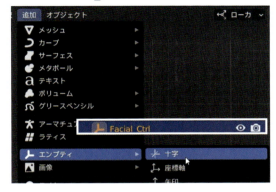

3. リグを選択してポーズモードに入り、追加したボーンのプロパティを見ると［カスタムシェイプ］タブがあります。［カスタムオブジェクト］に先ほど追加したエンプティを選択します。

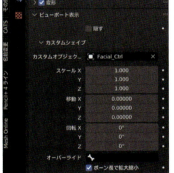
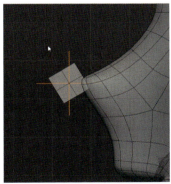

4. 以上の設定でコントローラーを作成できます。下唇のライン用オブジェクトにも同じく作成しましょう。

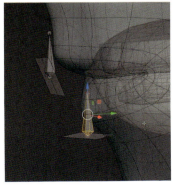

5. カスタムオブジェクトに使っているエンプティは、どのボーンでも使い回しが可能です。

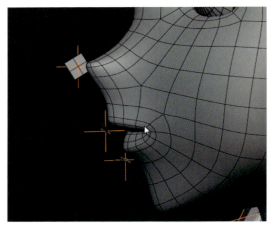

6. ライン用オブジェクトをリグにバインドし、スキンウェイトを行います。追加作成したボーン（コントローラー）にすべて1.0の値を割り振ります。

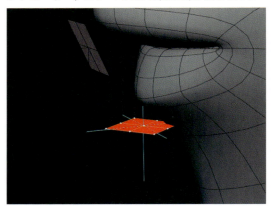

7. 眼球のコントローラーを作成します。眼球オブジェクトの中心にボーンを2本作成します。2本とも同じ位置で作成。大きさに違いが出るよう、大きさを少し変えておきます。

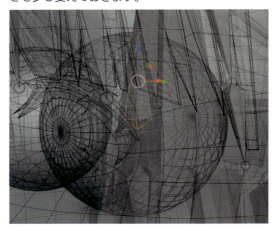

8. それぞれのボーン名前を図のように変更します。

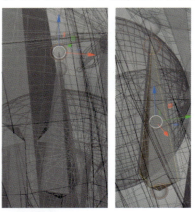

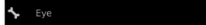

9. ターゲットボーンを眼球の先に作成します。眼球はこのターゲットボーンの方向に角度を合わせて回転することになります。ターゲットボーンも2つ作成します

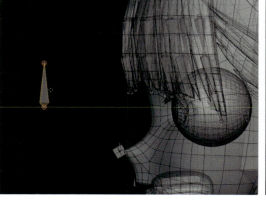 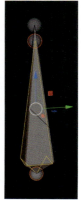

10. ターゲットボーンの名前も変更します。

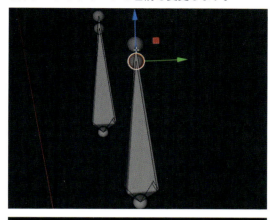

11. 揺れ物ボーンを作成したときと同様、左右対称になるように反対側にもボーンを複製します。

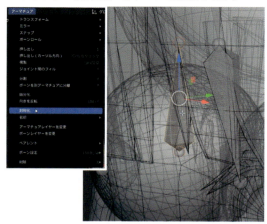

12. ポーズモードに入り、[ボーンコンストレイントを追加] します。左目のボーン（Eye.L）を選択、[ボーンコンストレイント] で **[減衰トラック]** を選択して追加します。

13. ボーンコンストレイントを追加したボーンは、ポーズモードでは、緑色でハイライト表示されます。

14. [ターゲット] にはrigを、[ボーン] には左目のターゲットボーン（Eye_Target.L）を選択。[トラック軸] は**Z**に変更します。左目のターゲットボーンを動かすと、左目ボーンが、その方向を見ながら追従して動くのを確認できます。

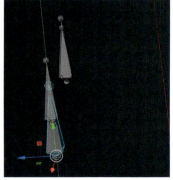

15. もう1つのボーンにも同じ設定を行います。ボーンが思う方向に回転しない場合は［トラック軸］を切り替えます。

16. 左目の眼球オブジェクトをリグにバインドし、ウェイト値を左目ボーンに1.0割り振ります。左目のターゲットボーンを動かすと眼球が追従して動きます。しかし、眼球の陰影も同時に動いてしまいます。これを解消するため、もう1つのボーンを活用します。

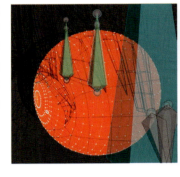

17. 編集モードに入り、眼球オブジェクトの影部分のメッシュだけを選択し分離します。マテリアル一覧でeye_sh_Lを［選択］すると影部分のマテリアルだけを選択できます。

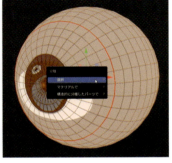

18. 分離した眼球の影オブジェクトのスキンウェイトをもう1つの眼球ボーンであるEye_sh.Lに1.0割り振ります。

19. 分離した眼球オブジェクトを1つのオブジェクトに結合します。左目のターゲットボーンを動かすと影は付いてこずに、黒目部分だけが追従します。これで、影と黒目部分を別々に動かすことができます。上手くできたら、右目も同じように設定します。

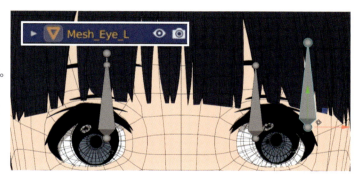

20. 左右の眼球を同時に動かしたいときのために、両方をまとめて動かせるコントローラーを追加しましょう。左右のターゲットボーンの間にボーンを新規作成し、名前を **Eye_Target_All** に変更します。

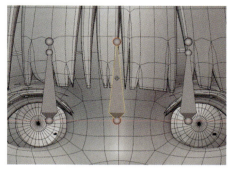

21. 左右のターゲットボーンのペアレント先を Eye_Target_All に変更します。影用のターゲットボーンはそのままでかまいません。

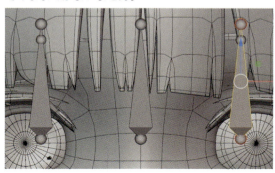

22. 追加した中心のボーンを動かすと、両目が同時に動きます。

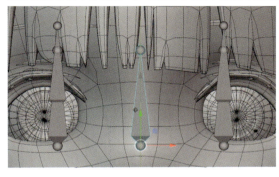

23. 眼球用のコントローラーを作成します。眼球は十字エンプティではなく、円エンプティを使用します。

24. 眼球のターゲットボーンのカスタムシェイプを追加した円エンプティEye_Ctrlに変更します。そのままの状態では円エンプティが倒れる形になってしまうので、Zの[回転]に**90度**と入力、[スケール]を選択しやすいサイズに変更します。

25. 影用のターゲットボーンもカスタムシェイプと同様、円エンプティに変更します。大きさは、黒目のターゲットボーンよりも小さくします。

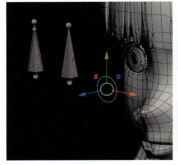

26. 右目も同じように作成します。

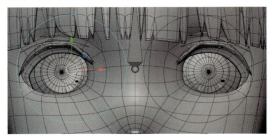

27. 両目を同時に動かす用のターゲットボーンにもコントローラーを追加しましょう。立方体エンプティを新規作成します。

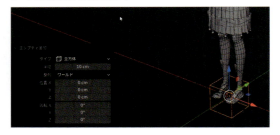

28. 両目を同時に動かす用のターゲットボーンの
カスタムシェイプを図のように変更します。

29. 顔まわりのコントローラーが完成しました。

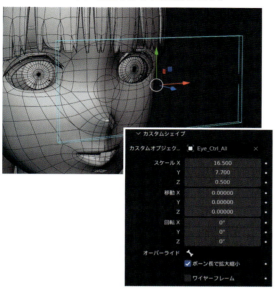

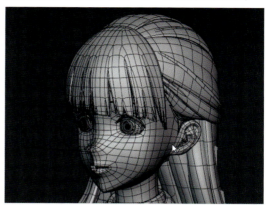

AutoRigのリグに後付けで
コントローラーを追加することが
できるんだね

そうだな

解説にあった
ボーンコンストレイントの
機能を使えばさまざまな動きに
応用することができるんだ

カスタムシェイプ機能で
扱いやすいコントローラーを
割り当てられるのも良いね

AutoRigで自動生成されているコントローラー達も
このボーンコンストレイントなどで
制御しているみたいだな

「リガー」に
向いているかもしれない

この「リグ」の構造や制御方法が
どうなっているかを詳しく調べたり
自分なりに作りたいと感じた人は

リグの作成はモデリングとはまた違った脳を使うから
向き不向きがかなり分かれると思う

こういったリグや
システムまわりの
技術や知識は
いろいろな人や業界に
とても重宝されるから

リグに興味を持った人は
ぜひゼロからリグを作成することに
挑戦してみてほしいな

5. ウェイトチェック

リグを動かして、どんなポーズを取らせてもメッシュが破綻しないように調整するのは非常に難しく、時間のかかる作業です。デザインが複雑であればあるほど、破綻しやすくなるでしょう。動かした際にメッシュを綺麗に見せるには、スキンウェイトの調整だけではなく、モデリング段階のメッシュの割り方、トポロジー、そして、ボーンの配置やリグの組み方も大きく影響します。ある程度の決まりはあるものの、正解は一つではなく、キャラクターデザインをはじめとするさまざまな要素との関わり合いによって正解が変わります。どんなキャラクターデザインでも対応できるよう、さまざまなデザインのキャラクターをたくさん作って、経験を積むことが大切です。

今回は行いませんが、ウェイト調整を楽にする方法はいくつかあり、実際の現場ではよく活用されています。例えば、「ラフモデリング段階でリグにバインドし、ポーズを付けながら詳細モデリングを行う方法」や「簡素化されたモデルを用意し、完成モデルにウェイト情報を転写する方法」「ウェイトチェック専用のモーション（アニメーション）を用意し、どのフレームでも破綻がないように調整する方法」などがあります。

6. ポーズ付け

スキンウェイトが完了したら、ポーズ付けを行います。綺麗なポーズや魅力的なポーズを付けるには3DCGだけでなく、他の分野からの知識も重要です。魅力的なポーズを作る際に基本となる概念の1つが**「コントラポスト」**です。これは、身体の重心の大半を片脚にかけて立っている人物を描く視覚芸術で、人物が美しく見えるポーズと言われています。

3DCGの知識だけでなく、このような美術的な基礎知識や概念を取り入れることが、魅力的な作品づくりには欠かせません。アニメーションは「ポーズの連続」とも言えるため、魅力的なアニメーションを作りたいのであれば、ポーズや構図についても深く学ぶ必要があります。私自身もまだ学んでいる途中ですが、ぜひ皆さんも一緒に学んでいきましょう。

1. 腰のリグを選択、腰の位置と角度を決めます。今回は、片方の脚に重心を乗せて片足を少し曲げたポーズにしたいので、腰を少し左右に傾けます。

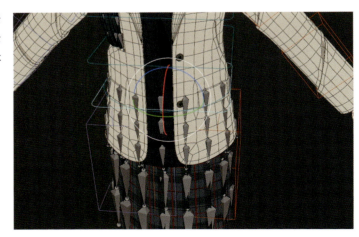

2. 腰を傾けると自然に片方の脚が曲がります。曲がった方の脚を少し後ろに下げます。

3. かかとの後ろにある球体コントローラーを上方向に移動し、かかとを浮かせます。次につま先の角度を元に戻し、つま先だけが接地しているような形にします。

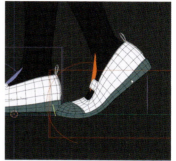

4. 膝の前の球体コントローラーを移動し、少し内股にします。足も少し内側に回転させます。

5. Aポーズのままではイメージが掴みづらいので、肩と腕を下に降ろし、「気をつけ」のポーズにします。

6. 腰を傾けると、上半身全体が右に傾きます。

7. 腰から上の背骨のリグを腰の反対側に傾け、少しくねったポーズにします。右足（重心）に体重をかけ、もたれているようなイメージです。

8. 手と腕を後ろに引き、手首を少し曲げます。

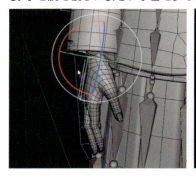  

9. 肩を少し後ろに引きます。

10. 腰のリグを少し前に出し、やや前傾姿勢になるようにします。

11. 首と頭も少し傾けます。全体のポーズをある程度付けたら、次は、細部のポーズも付けていきましょう。

12. 軽く手を組んでいるポーズにしたいので、手の位置を調整しつつ、指を曲げてポーズを付けます。

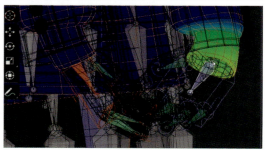

13. 右手の人差し指と中指を左手で軽く握っている形にしました。

14. 手首を曲げた際に手がセーターの袖から飛び出てしまう場合は、スキンウェイトを調整します。

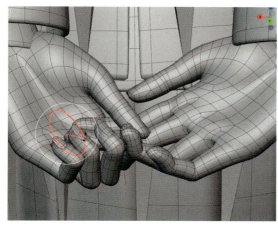
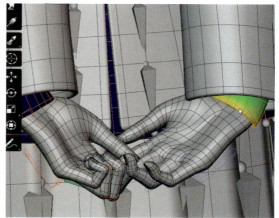

15. 髪の毛にも動きを付けます。

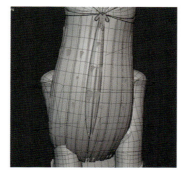

16. 風になびいているような動きを付けます。

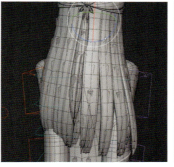
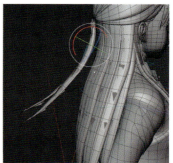

17. 髪は二重構造になっているので、内側の髪も動かします。隙間ができないように動きを付けると、違和感が出にくいです。

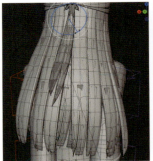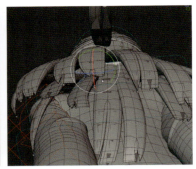

18. カメラを回転させてさまざまな角度から確認し、違和感が出ないように調整します。動きのあるポーズで違和感を感じさせないようにするのは難しい作業です。

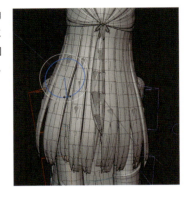

19. スカートにも風になびいているような動きを付けます。

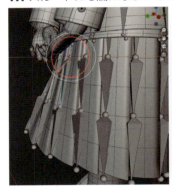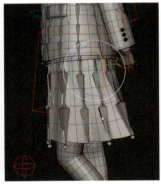

20. 髪留めのリボンにも少し動きを付けます。揺れ物に動きを付けることで魅力がアップします。

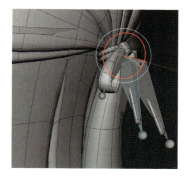 

21. 前髪にもわずかに動きを付けます。動きすぎると違和感が出るので微調整します。

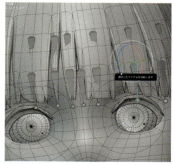 

22. 顔を傾けている方向に、少し後ろ髪を流しました。

 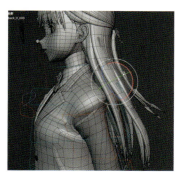

23. ビフォーアフターの画像です。この角度から見える髪の房と房の隙間は少し埋まっています。このように、違和感を減らすために細かい部分に気を配ることが大切です。

24. ブレザーの歪みが目立つので、シェイプキーを作成して補正しましょう。[シェイプキー] タブにキーを追加、[値] を **1.0** にし、編集モードでメッシュを修正します。[値] を **0** にすると元の形状に戻ります。

25. ポーズによっては、特に肩まわりの変形が激しいので、シェイプキーやリグで補正します。

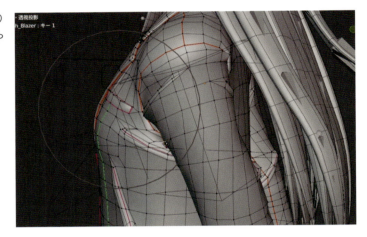

26. しわ部分も破綻しているのでシェイプキーで補正します。

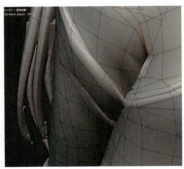

27. 顔にもシェイプキーを追加、口角を少し上げます。ウィンクさせたり、口を開けたりして、表情に凝っても良いでしょう。

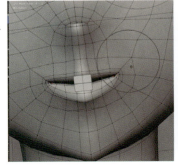

28. ポーズが完成しました。

Creative Hint

反省点 その2

◎スカートとセーターを同じメッシュに結合して、同じボーンで管理した方が動かしやすかった

布の重なりは最小限に抑えるべきでした。デザイン的に一見独立している物でも、3Dのオブジェクトとしては一つにまとめてしまった方が、アニメーション以降の作業が圧倒的にやりやすいですね。ブレザーは仕方ないですが、中のセーターとスカート部分は結合して制作するべきでした。

◎目の制御方法が少し複雑すぎた

目の制御をユニークな方法でセットアップしましたが、手順が少し長くなりすぎてしまいました。見た目に大きな違いがないのであれば、もう少しシンプルで分かりやすい表現手法を取るべきでした。普段の制作を再現するだけでなく、見やすさや分かりやすさ、そして全体の構成を考慮して、もっと慎重に考えるべきだったと反省しています。

制作からしばらくして振り返ると、「ここはもっとこうできるな」とか「造形を手直ししたい」と感じることが、誰にでもあると思います。それはプロになってからも変わらずです。私もモデルを作成した後や、本書を執筆しているときに、何度ももどかしい気持ちを感じました。

しかし、それは確実に成長し、見る目が変わってきている証拠でもあります。その気持ちと何度も向き合いながら、制作を積み重ねていきたいですね。

Creative Hint

CHAPTER 07 Rendering & Composite

7章
レンダリングとコンポジット

1. レンダリングとコンポジット

今回の素材出しとコンポジットは簡易的なものになります。出力する素材は、ターンテーブルのカラー素材とライン素材のみです。よりリッチな表現を行う場合は、ノーマルやZ深度、質感の違う部分のマスクなど多くの情報を一緒に書き出してコンポジットします。AOV出力のやり方やビューレイヤーの概念などは簡単に紹介します。

1. 素材出しの前にオブジェクトごとにライト分けを行います。全身を1つのライトで制御すると顔まわりの陰影が調整しづらく、どうしても汚い影が落ちてしまいがちです。顔と身体のライティングを分けることで、負担を軽減できます（※Blender 4.0以降では「**ライトグループ**」という機能で、オブジェクトごとに影響を与えるライトを分けることができますが、ここでは旧バージョンの方法を用います）。

2. 顔メッシュのマテリアルエディタを開き、**[シェーダーのRGB化]** の次のノードに **[カラー分離]** ノードを追加します。

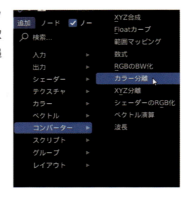

3. **[カラー分離]** ノードの **「赤」** から引っ張って乗算に繋ぎます。眼球オブジェクトにも同じように **[カラー分離]** ノードの赤を繋ぎます。

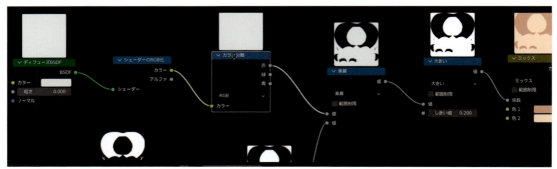

4. 顔まわり以外の髪の毛や衣服、身体部分は**「青」**を繋ぎます。赤・緑・青でそれぞれライト分けができるようになります。

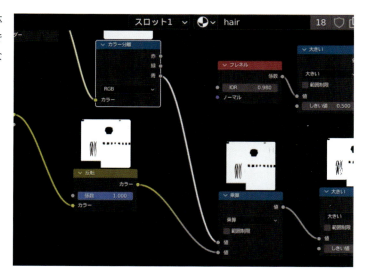

5. すべてのオブジェクトのマテリアルに**【カラー分離】**ノードを追加します。ライン用オブジェクトは変更しなくて良いでしょう。

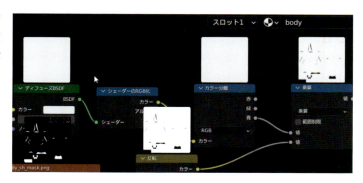

6. 現在シーンに置かれているライトの［カラー］を青色にします。顔まわりのライティングが反映されなくなりました。

7. ライトを複製し、顔用のライトを作成します。［カラー］は赤色に変更します。

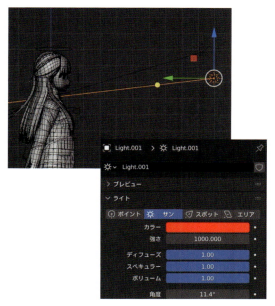

8. 複製したライトの**[親子関係をクリア]**します。

9. ターゲットエンプティも別のものを新規追加、設定し直します。

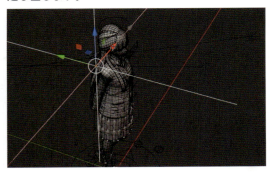

10. ライトにキーが打たれている場合は**[キーフレームを削除]**します。

11. 顔用のライトは顔の正面に配置します。

12. キーフレームを動かすと、顔だけ個別にライティングされているのが分かります。

13. キーフレームを動かすと、一部のフレームで影が汚く落ちている部分があります。

7章　レンダリングとコンポジット

14. 影が汚く出ている部分を照らすように顔用のライトを移動させ、キーフレームを打ちます。

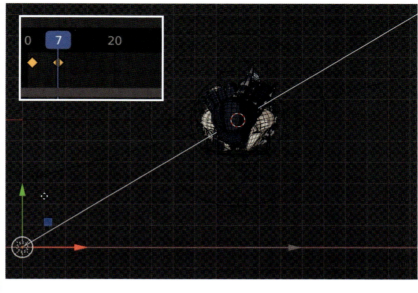

15. カメラがキャラの左側に回った際も、ライトの位置を調整してキーを打ちます。

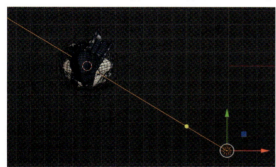

16. バストアップと全身が映ったフレームにキーを打つと、図のようになります。

17. 1フレームずつ確認して、シェーディングに違和感があるフレームにはキーを打ち、ライティングを調整します。

7章 レンダリングとコンポジット

18. ライティングの調整が終わったら、レンダリングと出力の設定を行います。出力先には、カラー素材を格納するフォルダを作成して指定します。

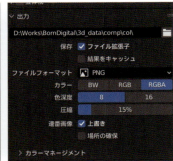

19. 現状、レンダーレイヤーとPencil+のレンダーノードをアルファオーバーに繋げています。

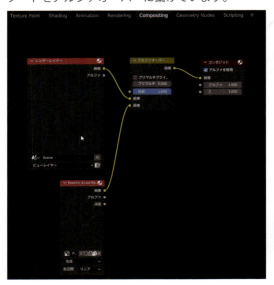

20. ノードを繋ぎ直し、カラー素材とライン素材を別に書き出します（アルファオーバーを使用しない）。

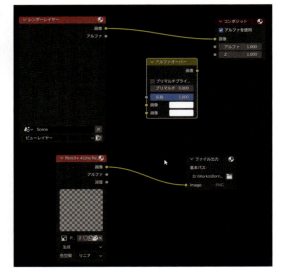

21. Pencil+レンダーノードを繋げた出力先のパスに、ライン書き出し用のフォルダを作成して指定します。

22. 上部の[レンダー]タブから**[アニメーションレンダリング]**を選択します。

23. レンダリングが完了したら、出力先のファイルを確認。カラー素材とライン素材が別々に書き出しされているのを確認します。

24. After Effectsで、簡単にコンポジットを行います。新規プロジェクト、新規コンポジションを作成し、コンポジション設定を図のように設定します。[幅] と [高さ] は書き出した素材の解像度と同じにします。

25. 書き出した素材を読み込みます。左の素材リストの何もない空白部分を右クリックし、**[読み込み] > [ファイル]** を選択します。

26. 書き出したカラー素材を **[Ctrl] + [A] キー**ですべて選択し、下部のシーケンスオプションの **[PNGシーケンス]** にチェックを入れ、**[読み込み]** を選択します。ライン素材も同じような手順で読み込みます。

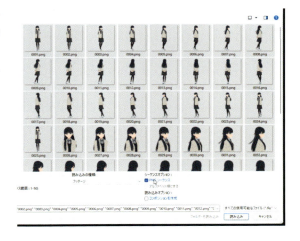

7章 レンダリングとコンポジット　　365

27. 読み込んだ素材を右クリック選択し、【フッテージを変換】>【メイン】を選択します。

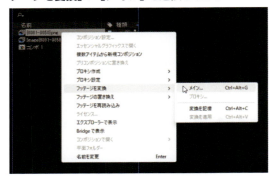

28. フレームレートを**8**フレームに変更します。通常は24フレームですが、それだとターンテーブルの回転が速く、じっくりモデルを見ることができないので、フレームレートを1／3にして、ゆっくりにしています。

29. 下のタイムラインに2つの素材を並べます。ライン素材が上に来るように配置します。

30. 上部の［レイヤー］タブから【新規】>【平面】を選択します。

31. ［カラー］を白色に設定し、【OK】を選択すると、白色の平面レイヤーが追加されます。プレビューは図右上のようになります。

32. タイムライン上のカラー素材とライン素材を選択し、右クリックメニューから **[時間] > [タイムリマップ使用可能]** を選択します。

33. タイムリマップのキーフレームが表示されます。

34. 全身とバストアップが切り替わる24フレームで **[Ctrl]＋[Shift]＋[D] キー**を押し、素材を分離します。

35. 分離した素材の後半部分を少し離します。

36. タイムリマップは◇**マーク**を押すと、任意のフレームにキーを打てます。

37. 前半の素材を少し伸ばしましょう。伸ばした部分にも24フレーム目のキーを打てば、モデルが1回転ターンした後に、正面で少し停止する動きを作れます。

7章　レンダリングとコンポジット　367

38. 赤枠部分には、同じフレームのキーが打たれています。

39. 後半部分も終わりのキー以降を少し伸ばします。

40. 24フレーム目と50フレーム目の時間を伸ばしたことにより、少しの間、正面で停止するようになりました。この状態で書き出しても良いですが、少し味気ないので、リムライトのような表現を追加しましょう。

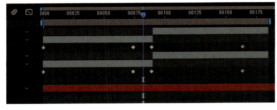

41. カラー素材を選択、上部タブの [エフェクト] から [マット] > [マットチョーク] を追加します。

42. マットチョークの値を調整します。カラー素材のまわりに背景色の白色が付加され、疑似的にリムライトのような表現ができました。

43. バストアップの素材にも同じエフェクトを追加、パラメーターを調整します。

44. 黒色の平面を追加します。

7章 レンダリングとコンポジット

45. 上部の［長方形ツール］を長押しして**［楕円形ツール］**に切り替えます。［楕円形ツール］を**ダブルクリック**すると、黒色の平面が円状に切り抜かれます。

46. 黒色の平面にマスクが生成されたので、マスクの詳細設定の**［反転］**をオンにします。マスクが反転し、キャラクターのまわりに黒色が配置されます。

47. ［マスク境界のぼかし］の数値を上げます。

48. [マスクの拡張] の数値を調整して、マスクの大きさを変更します。

49. [マスクの不透明度] の数値を下げます。

50. [マスク境界のぼかし] [マスクの拡張] [マスクの不透明] の数値を調整し、図のようにぼやっとした黒色がまわりを囲うようにします。このように、カメラで撮影した際に起きる周辺減光のような表現を行えば、キャラクターがより際立って見えるようになります。

51. コンポジションの名前を変更します。コンポジションを選択した状態で、上部タブの【ファイル】>【書き出し】>【レンダーキューに追加】を選択します。

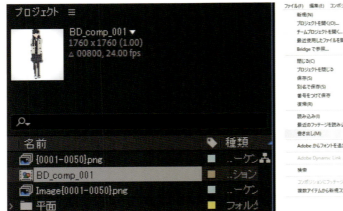

52. レンダーキューにコンポジションが追加されました。【ロスレス圧縮】の文字をクリックし、図のように出力モジュール設定を行います。

53. 出力先を設定します。「Fix」フォルダを作成して、そこに書き出します。

54. 書き出したAVI動画データをGIF画像に変換します。Photoshopを開き、上部タブの**[ウィンドウ] > [タイムライン]**でタイムラインを表示します。

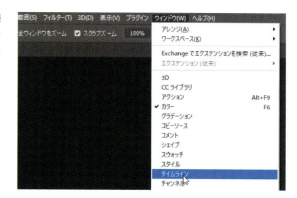

55. 書き出したAVI動画データをタイムラインにドラッグ＆ドロップして読み込みます。

56. 動画を読み込んだら、上部タブの**[ファイル] > [書き出し] > [Web用に保存]**を選択します。

57. 書き出し設定を「GIF」にして、保存先を設定し、保存を行います。

7章　レンダリングとコンポジット

58. 無事に保存され、GIF画像化されていれば、すべての作業が完了です。

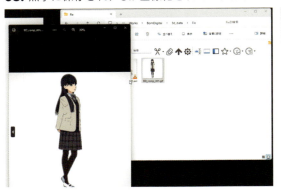

ついに完成したー！

やったー！
達成感がすごいな

まずは完成まで持って行けただけで
自分をたくさん褒めてほしい

ここまで本当にたくさんの
情報と工程があったなぁ

私もまだまだだけど
魅力的なポーズを考えるのは
3DCGとはまた別の知見が必要だから

いろいろな資料や勉強会で養ってほしい

そういえばこの前

彫刻の勉強会に
参加していた友達がいたなぁ

そういう場所も
魅力的なポーズや造形を学ぶには良さそう

完成したGIF画像がどうなっているかは
動画の最後で確認してみてくれ

SNSや亥と卯の公式ホームページでも
公開しているから参考にしてくれると嬉しいな

CHAPTER 08 Add-ons & Features

8章
アドオンと機能紹介

1. お役立ちアドオン

Node Preview

Node Previewはシェーダーエディターでノードを繋げた際にノードの上に、その結果を画像で表示するアドオンです。マテリアル出力まで繋げなくても、途中まで繋いだノードの結果を表示してくれるので、オリジナルのマテリアルを作成するのに便利です。注意点として、Blenderを多重起動するとアドオンの機能が止まってしまうことがあります。

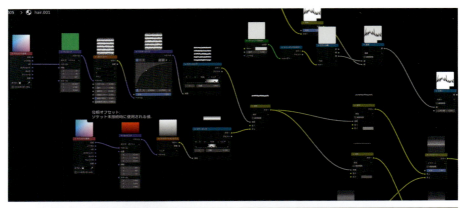

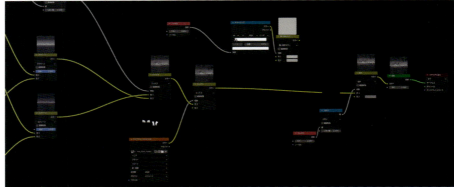

Lazy Weight Tool

Lazy Weight Toolはスキンウェイトの管理と補助ができるアドオンです。若干違いはありますが、3ds Maxでの頂点単位のスキンウェイトをベースにしており、3ds Maxから移行する方には馴染みのある仕様になっています。**[N]キー**押し、右側メニューを出すと、[アイテム]の欄に項目があります。

メッシュを選択、ウェイトペイントモードに入り、[頂点で選択]をオンにすると、頂点を一つひとつ選択できるようになります。1つのボーンと頂点を選択した状態で赤枠の数字を選択すると、ウェイトを設定できます。青枠では細かい数字の調整が可能で、[＋][－]ボタンで、その数字のウェイトを増減できます。

ウェイトテーブルでは、選択した頂点に割り当てられているウェイトの状況を確認できます。どのボーンのウェイト値が割り当てられているかが一目でわかります。

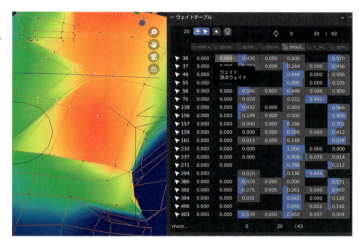

EdgeFlow（Set Flow）

EdgeFlowアドオンの[Set Flow]機能を使用すると、2つのエッジの間にエッジを補間して、変形させることができます。似たような機能がBlenderの標準機能にもありますが、Set Flowは3ds Maxの機能により近いものになっています。

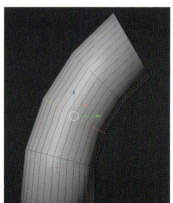

2. Blenderのお役立ち機能

モード選択

オブジェクトを選択した状態で、モードの切り替えが行えます。オブジェクト選択したまま［Tab］キーを押すと、すぐに［編集モード］に切り替わります。再度押すと［オブジェクトモード］に切り替わります。

細分化（モディファイアー）

［細分化］モディファイアーのレベルは、ビューポート上と実際のレンダリングとで分割数のレベルを別々に設定できます。分割するほどシーンが重くなるので、ポーズやアニメーション作業中は０か１にします。上部タブの「モニター」をオフにすると、ビュー上でモディファイアーをオフに、「カメラ」をオフにすると、レンダリングの際にオフになります。

プロポーショナル編集

プロポーショナル編集をオンにすると、１つの頂点を移動した際、周囲の他の頂点を引っ張るように移動させることができます。［スムーズ］や［球状］などに切り替えると、引っ張られ方の挙動が変わります。

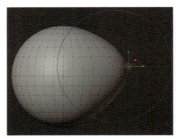 

細分化（モデリング）

細分化したいポリゴンやエッジ、ボーンを選択した状態で、右クリックメニューから［細分化］を選択すると、ポリゴン自体を細分化できます。

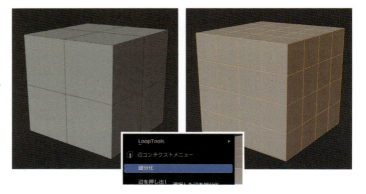

この機能はモディファイアーの細分化とは異なり、「オブジェクトそのもの」に適用されます。オブジェクト全体の細分化で、あまり使うことはありませんが、髪の毛の房などで要所要所を細分化したいときによく使っています。

また、スキンウェイト後にボーンの分割数を増やしたい場合にも有効です。ウェイトの値が分割される訳ではないので、分割後にウェイト値を調整する必要があります。

スナップ

スナップ機能をオンにすると、選択した頂点が、他の頂点や辺に吸着するようにスナップします。[スナップ先] で、その挙動を変更できます。私は主に、頂点同士をスナップするときに使用しています。

ビュー上のシェーディングの変更

3Dビューのシェーディングを変更すると、ビューポート上の見た目（シェーディング）を簡単に変更できます。「モデルが綺麗に処理されているか」など、見た目を変更することで、問題点を発見しやすくなります。また、フラットカラーにして、シルエットを確認することもできます。

8章　アドオンと機能紹介

3. Pencil+4 ライン

Pencil+4は、エディタータイプの一覧から選択して専用のノードエディタを開くことができます。基本的な使い方は、ほぼ3ds Max版と変わりませんが、ラインのみのアドオンになっており、マテリアル関係は、自作するか、Pencil+4マテリアルを使用する必要があります。

ラインを追加するとノードが自動生成されます。

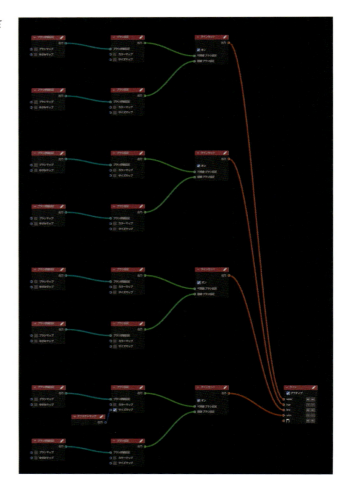

① ノードを弄らなくても、右側タブのライン設定で細かい設定を変更できます。

② ライン設定をスクロールすると、ラインの検出範囲の設定項目が出てきます。こちらの項目のオンオフで、さまざまなライン検出パターンを作成できます。ラインセットを作成することで、ラインセット毎に設定を変更できます。

③ ラインの詳細設定では、細かく設定できます。

④ ストロークサイズの減衰設定を行うと、ラインの描き始めや描き終わりを細くしたり、一部を太くしたり、破線にすることもできます。

細かい機能や設定項目はPSOFTの公式YouTubeで丁寧に解説されています。チェックしてみてください。

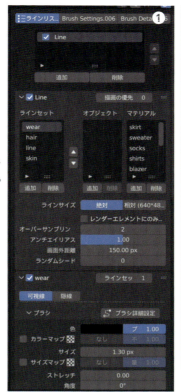

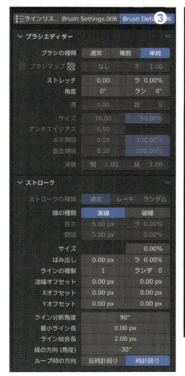

https://www.youtube.com/@PSOFTHOUSE/featured

4. Pencil+4 マテリアル

2024年2月にPencil + 4 マテリアル for Blenderがリリースされました。それまでBlender版のPencil+4はライン描画機能しかありませんでしたが、このマテリアルがリリースされたことによって、3ds MaxやMayaと同様にマテリアルを作成し、パラメーターを変更することで、さまざまな表現を簡単かつ分かりやすく調整できるようになりました。

マテリアル機能の使い方については、ここでは解説しません。公式YouTubeチャンネルで機能や使い方について詳しく解説されていますので、よろしければ、そちらをご覧ください。
https://www.youtube.com/@PSOFTHOUSE/featured

PSOFTの公式サイトでは「Pencil+4」のチュートリアルが公開されています。
https://www.psoft.co.jp/jp/product/tutorial

3ds MaxやMayaのものが多いですが、BlenderとUIは違うものの、ライン機能やマテリアル機能は3dsMaxやMayaを元に作られていますので、応用できる部分が多々あります。目を通してみることをお勧めします。

いくつかサンプルシーンも配布されており、ダウンロードして確認すると、どのような構成で作られているか理解できることでしょう。

「PSOFT Pencil+ 4」チュートリアル新公開 -「アニメ調CGの作り方」(3ds Max / Maya編)

あとがき

最後までご覧いただき、ありがとうございます。
キャラクターに限らず、綺麗な3Dモデルを作るには、必要な知識が多く、高い技術も必要です。

しかし、それらを学ぶための道は意外とシンプルで、
まずは「形を見て真似をする」「トライ&エラーを繰り返す」ことです。
最低限のPCの操作方法の習得は必要ですが、専門用語や人体解剖の知識などを詰め込む前に
「見たものを綺麗に立体化できる造形力」を磨くことを意識しましょう。

もちろん、最初は上手く行かないことばかりです。
自分に合った方法を見つけるためには、やはり、チャレンジの「数」が必要になります。
おそらく、万人に合う方法は存在しません。
いろいろな参考書やサイト、動画などを見て、少しずつ、その切り口や進め方を変え、
制作することで、いつか自分に合った方法に出会うことができます。

また、造形だけではなく「フォトリアルなモデリングなのか」「セミリアル表現なのか」
「セルルック(アニメ調)なのか」「映像向けのモデリングなのか」
「リアルタイム向けのモデリングなのか」といった違いにおいても、自分との相性があるでしょう。

私もセルルックに出会い、やりやすい方法を見つけ始めたのは、1年くらい経った頃でした。
それまでは、フォトリアルやセミリアル表現をひたすらに勉強していましたが、
成長を感じられず、方向性を変えてみました。

SNSや周りと比べて、自分の「成長の遅さ」や「練度の違い」に
焦る人は多いと思いますが、その必要はありません。
始めてから上手くなるのが早い人は「何かしらの基礎(絵力やデザイン)があった人」
「自分なりのやりやすい方法を見つけるのが早かった人」が多いです。
人と比べてモチベーションを下げる前に、
まずは、自分に合った方法を見つけるために、いろいろな方法を試しましょう。
自分の創作物と向き合う時間をできるだけ多く作ることが
確実な技術の習得に必要です。

本書が、成長の一助となれば幸いです。

亥と卯

Blenderでつくる
亥と卯流 セルルックキャラクター

著者	亥と卯	2025年3月25日初版発行
発行人	新 和也	
編集	高木 了	
発行	株式会社ボーンデジタル	
	〒102-0074	
	東京都千代田区九段南 1-5-5	
	九段サウスサイドスクエア	
	Tel: 03-5215-8671　Fax: 03-5215-8667	
	www.borndigital.co.jp/book	
	お問い合わせ: www.borndigital.co.jp/contact	
デザイン	岩沢 圭	
レイアウト	株式会社スタジオリズ	
印刷・製本	株式会社大丸グラフィックス	

ISBN 978-4-86246-630-3
Printed in Japan

価格は表紙に記載されています。乱丁、落丁等がある場合はお取り替えいたします。
本書の内容を無断で転記、転載、複製することを禁じます。